历史上所有的大奸大雄,无一不是"厚脸皮、黑心肝"……

厚黑学

李宗吾 著

中共中央党校出版社

责任编辑　　曲　炜
封面设计　　李尘工作室
版式设计　　尉红民
责任校对　　王洪霞
责任印制　　张志军

图书在版编目（CIP）数据

厚黑学：图文本/李宗吾著．—北京：中共中央党校出版社，2005.12
ISBN 978-7-5035-3376-1

Ⅰ.厚…　Ⅱ.李…　Ⅲ.伦理学-研究-中国
Ⅳ.B825

中国版本图书馆CIP数据核字（2005）第145733号

中共中央党校出版社出版发行
社址：北京市海淀区大有庄100号
电话：（010）62805800（办公室）　　（010）62805816（发行部）
邮编：100091　网址：www.dxcbs.net
新华书店经销
北京鑫海金澳胶印有限公司印刷装订
2005年12月第1版　　2007年2月第3次印刷
开本：880毫米×1230毫米　A5　印张：8.375
字数：186千字　印数：18001—28000册
定价：25.00元

出 版 说 明

《厚黑学》作者李宗吾，1879年（清光绪五年）生于成都，一度任国民政府官员、四川大学教授，后来成为自由撰稿者，抗战胜利前夕的1944年去世。

李宗吾遍检诸子百家，读破二十四史，期望求得历史的真谛，终于发现：如果不是彻底的厚颜与黑心，就不可能成为大奸大雄。他把这一认识整理为理论，在1917年写成了轰动一时的奇书——《厚黑学》。

《厚黑学》辛辣地讽刺了旧时政治的黑暗以及官场上的弊病，这无疑引起了许多官僚的忌恨而进行攻击，也有朋友对作者加以劝阻，以致《厚黑学》在成都《公论日报》未能连载完。几经周折，在1934年才正式出版。

中国辛亥革命之后数十年的动乱中，许多社会现象和"政治家"的表演与本书中的剖析、刻画极其相似。因此一些知名的学者评论家曾经指出，《厚黑学》是一本不可多得的奇书。

"厚黑"的历史文化解说

王子今

在近期《博览群书》上读到谈及李宗吾故居的文章,才知道进入21世纪,还有人们依然在关心着这个人物。

李宗吾在《厚黑学》自序中说,"厚黑学,是我在满清末年发明的","民国初年,在成都公论日报,逐日转载,读者哗然……"在关于"厚黑史观、厚黑哲理、厚黑学之应用、厚黑学发明史"的议论中,他又写道:"作者于满清末年,发明厚黑学,大旨言一部廿四史中的英雄豪杰,其成功秘诀,不外面厚心黑四字,引历史事实为证。民国元年,揭登成都公论日报。这本是写来开玩笑的,不料从此以后,厚黑学三字,竟洋溢于四川,成一普通名词。"李宗吾以"厚黑"总结古来政治生活,这种思想的形成,如果从"在满清末

年发明"算起，差不多快要100年了。

从"满清末年"到"民国初年"，如果借用当今通用语，称之为"历史转型期"可能是适宜的。李宗吾作为清末民初人物，和所有清醒的知识人一样，不能不思考社会问题、民族前途、国家命运、历史走向。在当时的时代背景下，人们怎样总结我们民族的历史传统和文化传统呢？社会的动荡引起了思想的动荡。人们在对传统的反思之中，怀疑、批判的倾向引导了时代进步的车轮。

中国历史传统特别倾重政治史，中国文化传统特别倾重政治文化。中国传统学术也历来最重视政治制度史和政治思想史的研究。对于中国古代政治文化的特质和风格，不同立场的学者有不同的认识，李宗吾的"厚黑"说别树一帜，也是一种值得重视的意见。

李宗吾说，"黄老申韩，是厚黑学的嫡派，孔孟是反对派。"这样的说法，也许并不确实。《左传》中写道："德刑不立，奸轨并至。"又说："德莫厚焉，刑莫威焉。服者怀德，贰者畏刑。"在中国古代，对于"德"与"法"在治国中的作用，曾经有过理论的分析。按照鲁迅的说法，"孔夫子曾经计划过出色的治国的方法"。孔子说："道之以政，齐之以刑，民免而不

耻；道之以德，齐之以礼，有耻且格。"中国传统政治的"德"与"法"的结合，或者"德"与"刑"的结合，其实稍经扭曲，就是"厚黑"。"德莫厚焉"的"厚"，当然不是《厚黑学》所说的"厚"。但是如果注意到"德"作为宣传的意义以及实质的虚伪，也许人们会同意"德"与"面厚"之"厚"也许存在着某种内在的联系。白居易《青石》诗有"官家道傍德政碑，不镌实录镌虚辞"句。考察涉及中国古代政治文化的有关现象，应当穿破表征透视其真质。正如鲁迅所说，历史上"人的言行"，在明处和暗处，"常常显得两样"，古来帝王们炫示"德治"的种种政治宣传，其实往往是"黑暗的装饰"，"是人肉酱缸上的金盖，是鬼脸上的雪花膏。"看来，孔孟作为"厚黑"的"反对派"的态度，其实可以打一些折扣。李宗吾写道："周秦诸子，表面上，众喙争鸣；里子里，同是研究厚黑哲理，其学说能否适用，以所含厚黑成分而断。"又说，"儒家高谈仁义，仁近于厚，义近于黑，所得厚黑者不过近似而已。"这些评断，都是准确的。法家讲究实用，所以更少道德顾忌，于是能够在"周秦"时代取得成功。不过，西汉以后儒法有所融合，逐渐取得独尊地位的儒学政治正统，其实实行着"霸王道杂之"

的原则。

本人曾写过一篇介绍这本书的文章,发表于《书林》1989年第6期,题为《〈厚黑学〉介绍》,经编辑删削,已不足千字。删减的内容已经无可追忆,谨将残余文字收拾迻录,大体说的是如下的意思:

《厚黑学》分三卷,上卷"厚黑学",中卷"厚黑经",下卷"厚黑传习录",1934年以单行本刊行。后长期被列为禁书。解放以来,《厚黑学》虽然在海外广为流传,可是国内中青年中却鲜为人知。求实出版社1989年整理出版了《厚黑学》一书,并收入《厚黑丛话》、《我对圣人的怀疑》、《心理与力学》、《厚黑教主传》等内容,使众多读者得以认识李宗吾和他的"厚黑史观",这无疑是一件有意义的事。

《厚黑学》中表现出强烈的反权威的意识。书中指出:"君主箝制人民的行动,圣人箝制人民的思想。"实行文化专制的"圣人"的实质是什么呢?"圣人也,厚黑也,二而一,一而二也。庄子说:'圣人不死,大盗不止。'圣人与大盗的真相,庄子是看清楚了的。"他主张打破箝制人民思想的这种权威,"先求思想独立"。对于国家的政治前景,书中也表示出鲜明的态度:"民主国人民是皇帝,无奈我国四万万人,不想当

"厚黑"的历史文化解说

英明的皇帝,大家都以阿斗自居。""阿斗者,亡国之君也。有阿斗就有黄皓,诸葛亮千载不一出,且必三顾而后出。黄皓遍地皆是,不请自来。我国之所以濒于危亡者,正由全国人以阿斗自居所致。"

《厚黑学》指出,儒家高谈仁义,而仁近于厚,义近于黑。李宗吾说,他与孔子"两自的学说,极端相反,永世是冲突的"。他认为,中国所以纷乱不已,就是因为孔子家奴以及家奴之家奴的作用。

李宗吾所说的"厚黑",在某种意义上讲,大体接近于一般所谓政治权谋。日本近年兴起所谓"帝王学",努力从政治统治术,主要是从中国古代政治思想和政治策略中汲取可应用于现代管理的积极因素。这可以说是从积极的方面认识和理解中国古代权谋术,《厚黑学》则展示阴鸷的权术与公开标榜的仁义道德之间的强烈的反差。揭露旧式专制政治的黑暗,令愚惰的民族心猛醒。

李宗吾关于"阿斗"和"黄皓"的比喻,至今仍值得我们深思。"民主国人民是皇帝,无奈我国四万万人,不想当英明的皇帝,大家都以阿斗自居"的说法,语重心长。清末反对民主制度的人总是强调中国的国民素质太差,由专制而达共和需要经过立宪这一阶段。

康有为说:"欲速变法以救危亡,非先得圣主当阳不为功;欲定良法而保长久,非改为立宪民权不为治。"梁启超则宣称:"共和的国民心理,必非久惯专制之民能以一二十年之岁月而养成","今日中国国民未有可以为共和国民之资格。"李大钊曾经在《平民主义》一文中写道:"纯正的'平民主义',就是把政治上、经济上、社会上一切特权阶级,完全打破;使人民全体,都是为社会国家作有益的工作的人;不须用政治机关以统治人身,政治机关只是为全体人民属于全体人民而由全体人民执行的事务管理的工具。"毛泽东《新民主主义的宪政》也有这样的话:"中国的事情是一定要由中国的大多数人作主"。毛泽东说这句话,是在65年前。李大钊推崇"平民主义"的文章,已经发表了82年。今天重读李宗吾近100年前提出的对"全国人以阿斗自居"的批评,人们的感觉,正如鲁迅在《中国小说的历史的变迁》中所说,"许多历史学家说,人类的历史是进化的,那么,中国当然不会在例外,但看中国进化的情形,却有两种很特别的现象:一种是新的来了好久之后而旧的又回复过来,即是反复;一种是新的来了好久之后而旧的并不废去,即是羼杂。然而就并不进化吗?那也不然,只是比较的慢,使我

"厚黑"的历史文化解说

们性急的人,有一日三秋之感罢了。"

李宗吾说,"世界是进化的,厚黑学可分三个时期",第三个时期或许可以恢复到上古时"无所谓厚,无所谓黑,纯是天真浪漫的"那种境况。也许政治的进化,真的会有这样的前景。

一百年前,其实是思想界"先求思想独立",争取走向自由的时代。在清末民初动荡年代的文化波澜中,可以看到相当深刻的思想闪光。当时检讨中国政治史的诸多论著,有一部也可以介绍,就是易白沙的《帝王春秋》。易白沙晚生李宗吾6岁,生命却差不多比李氏短了30年。岳麓书社版《帝王春秋》用孙文题签,十分醒目,又附有章炳麟《易白沙传》和易培基《亡弟白沙事状》,可以告诉我们作者的事迹。《帝王春秋》中多有精辟的思想光辉,如其中指出,"忠",是帝王"蔽塞人民之思想"的形式,"忠",亦"乃吾人精神生活之桎梏也",就是相当深刻的见识。其书序言写道:"庄周曰:'侯之门,仁义存。'此言帝王宰制天下,不独攘夺人民之子女玉帛,并圣智仁义之号,亦盗而取之。"这不是从另一个角度谴责了其"厚黑"吗?全书以批判帝王专制为主旨,分列12题,即:人祭,杀殉,弱民,媚外,虚伪,奢靡,愚暗,严刑,奖奸,

多妻，多夫，悖逆。可以看到，易白沙的传统政治体制批判，取严肃的手法，风格激切；而李宗吾的传统政治文化批判，取讥刺的手法，风格诙谐。正如李宗吾自言，"这本是写来开玩笑的"。如果说其笔锋有东方朔式的幽默，许多人可能是同意的。

2005年11月22日

目录

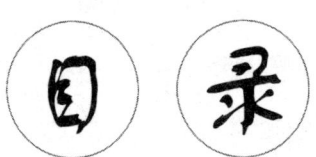

自序一	（1）
自序二	（4）
第一部 厚黑学	（1）
厚黑学	（2）
厚黑经	（8）
厚黑传习录	（14）
求官六字真言	（17）
做官六字真言	（21）
办事二妙法	（24）
结论	（28）
第二部 厚黑丛话	（31）
厚黑史观、厚黑哲理、厚黑学之应用、厚黑学发明史	（32）
第三部 附录	（125）
我对圣人之怀疑	（126）

第四部　心理与力学 ……………………………（135）
　　心理与力学 ……………………………………（136）

第五部　厚黑教主传 ……………………………（157）
　　宗吾家世 ………………………………………（158）
　　亲访宗吾答客问 ………………………………（166）
　　六十晋一妙文 …………………………………（169）
　　孔子办学记 ……………………………………（173）
　　性灵与电磁 ……………………………………（177）
　　宗吾谈政治 ……………………………………（182）
　　宗吾谈经济 ……………………………………（188）
　　古文体之厚黑学 ………………………………（195）
　　主张考试被打 …………………………………（201）
　　怕老婆哲学 ……………………………………（204）
　　返本线的发明 …………………………………（211）
　　和达尔文开玩笑 ………………………………（225）
　　为克鲁泡特金学说的修正 ……………………（230）
　　"姑姑筵"餐馆的食谱序 ………………………（234）
　　讽刺国医 ………………………………………（237）
　　自创"无极拳" …………………………………（240）
　　战天主教 ………………………………………（242）
　　薄白学 …………………………………………（246）
　　宗吾挽联 ………………………………………（249）

自 序 一

厚黑学，是我在满清末年发明的，分三卷，上卷厚黑学，中卷厚黑经，下卷厚黑传习录，民国元年，在成都公论日报，逐日登载，读者哗然，中卷仅及其半，我受友人劝告，遂中止。同时我还做有一篇《我对于圣人之怀疑》，更不敢发表了。后来底稿已不知抛往何处。十六年，刊宗吾臆谈，才把两文大意写出，刊入其中。廿三年北平友人，从臆谈中，将厚黑学三卷抽出，刊为单行本。廿五年，在成都再版，旋即售罄。兹因索阅者众，再重印。民国六年，成都国民公报社，曾将上卷，刊行一小册，唐倜风、中江谢绥青；作有序跋。

我生平读书，最喜欢怀疑。我心中既有此种疑点，继续研究下去，迄今已三十年之久，得出一种同一的结果，最近著一书曰《心理与力学》，算是此种疑点之答案。凡事有破坏才有建设；《厚黑学》与《我对于圣人之怀疑》，所谓破坏也；《心理与力学》所谓建设也。《我对于圣人之怀疑》与《厚黑学》，是同一时期的文字，特附载于后，以见我思想之过程。

世界是进化的，厚黑学可分三个时期：上古时人民浑浑

噩噩,无所谓厚,无所谓黑,纯是天真烂漫的。孔子学说,提倡道德,梦想唐虞,欲返民风于太古,是为第一时期。后来人民知识渐升,机变百出,黑如曹操,厚如刘备之流,遂应运而生,斯时也,孔孟复生,亦必失败,是为第二时期。今则已入第三时期了,黑如曹操,厚如刘备者,滔滔皆是,其技术之精,虽曹刘见之,亦当惶然大吓。卒之,失败者多,成功者少,侥幸而成功者,或不旋踵而乃归失败,其故何哉?盖今为第三时期,曹刘又成过去人物了,此时期之人,必须参用孔孟的道德,似乎回复到第一时期了,实则似回复非回复,而成为一种螺旋式之进化。换言之,必须以孔孟之心,行曹刘之术,方与第三时期相合,方今孔孟复生,必归失败者,谓其无曹刘之术也,曹刘复生,亦归失败者,为其无孔孟之心也。我辈所处之世,是第二时期之末,第三时期之始,施行厚黑而侥幸成功者,第二时期残余之物也,虽成功而仍归失败者,受第三时期之天然淘汰也。

尧舜是第一时期的人物,孔孟的书,是第一时期的学说。曹刘是第二时期的人物,鄙人所著的厚黑学,是第二时期的学说。我最近所著《心理与力学》,是第三时期的学说,希望有第三时期人物出现。所以读我的厚黑学者,不可不读《心理与力学》。

物以少见珍,最初民风浑朴,不厚不黑,忽有一人又黑又厚,众人必为所制,而独占优势。众人见了,争相效仿,大家都是又厚又黑,你不能制我,我不能制你,独有一人,不厚不黑,则此人必为众人所信仰,而独占优势。譬如商场:最初的商人,尽都货真价实,忽有一卖假货者,掺杂其间,此人必大赚其钱。大家见了,争相效仿,全市都是假货,独有一家货真价实,则购者云集,此人又当大赚其钱。

自序一

故商场情形，也可以分三个时期：第一时期的货物内容真实，表面不好看，第二时期，表面好看，内容不真实，第三时期，则表面好看，内容又真实。我的厚黑学，是第二时期的产物。读我厚黑学的人，果照书行事，遭了失败，我是不负责的；只怪他自己晚生若干年，商场情形，业已改变了。问："如何才不失败？"曰："请读《心理与力学》"。

民国二十七年二月十二日富顺李宗吾于成都

自序二

厚黑学全文，原载拙著《宗吾臆谈》内，上海论语半月刊，曾经转载，其刊为单行本者，初版于北平，再版三版于成都，寄售成都华西日报社，及重庆售珠市北新书局等处，旋即售罄，今年我在故乡，各处纷纷函请再印，我以为此等说法，最易启人误会，意欲从此不谈，友人王君渊默函称："厚黑学三字，业已传播众口，无从收回，你全部作品，我曾细读一遍，厚黑是社会病状，你各种作品，是医病之药，我为你计，不如把全部思想之统系，和各种作品之要点，详详细细，写成一文，附载于后，作为厚黑学的说明书，病情与药方，同时发表，使社会人士了解你的用意所在，否则仅以厚黑学三字，流传于世，你将得罪于社会。"我深感王君之言，写成一文曰：《我的思想统系》，交与王君印行，知我罪我，非所计也。

民国二十九年二月六日于自流井

第一部

厚黑學

厚　黑　学

我自读书识字以来，就想为英雄豪杰，求之四书五经，茫无所得，求之诸子百家，与夫廿四史，仍无所得，以为古之为英雄豪杰者，必有不传之秘，不过吾人生性愚鲁，寻他不出罢了。穷索冥搜，忘寝废食，如是者有年，一旦偶然想起三国时几个人物，不觉恍然大悟曰：得之矣，得之矣，古之为英雄豪杰者，不过面厚心黑而已。

三国英雄，首推曹操，他的特长，全在心黑：他杀吕伯奢，杀孔融，杀杨修，杀董承伏完，又杀皇后皇子，悍然不顾，并且明目张胆地说："宁我负人，毋人负我。"心子之黑，真是达于极点了。有了这样本事，当然称为一世之雄了。

其次要算刘备，他的特长，全在于脸皮厚：他依曹操，依吕布，依刘表，依孙权，依袁绍，东窜西走，寄人篱下，恬不为耻，而且生平善哭，做三国演义的人，更把他写得惟妙惟肖，遇到不能解决的事情，对人痛哭一场，立即转败为功，所以俗语有云："刘备的江山，是哭出来的。"这也是一个有本事的英雄。他和曹操，可称双绝；当着他们煮酒论英

第一部 厚黑学

雄的时候，一个心子最黑，一个脸皮最厚，一堂晤对，你无奈我何，我无奈你何，环顾袁本初诸人，卑鄙不足道，所以曹操说："天下英雄，惟使君与操耳。"

此外还有一个孙权，他和刘备同盟，并且是郎舅之亲，忽然夺取荆州，把关羽杀了，心之黑，仿佛曹操，无奈黑不到底，跟着向蜀请和，其黑的程度，就要比曹操稍逊一点。他与曹操比肩称雄，抗不相下，忽然在曹丞驾下称臣，脸皮之厚，仿佛刘备，无奈厚不到底，跟着与魏绝交，其厚的程度也比刘备稍逊一点。他虽是黑不如操，厚不如备，却是二者兼备，也不能不算是一个英雄。他们三个人，把各人的本事施展开来，你不能征服我，我不能征服你，那时候的天下，就不能不分而为三。

后来曹操、刘备、孙权，相继死了，司马氏父子乘时崛起，他算是受了曹刘诸人的熏陶，集厚黑学之大成，他能欺人寡妇孤儿，心之黑与曹操一样；能够受巾帼之辱，脸皮之厚，还更甚于刘备；我读史见司马懿受辱巾帼这段事，不禁拍案大叫："天下归司马氏矣！"所以得到了这个时候，天下就不得不统一，这都是"事有必至，理有固然"。

诸葛武侯，天下奇才，是三代下第一人，遇着司马懿还是没有办法，他下了"鞠躬尽瘁，死而后已"的决心，终不能取得中原尺寸土地，竟至呕血而死，可见王佐之才，也不是厚黑名家的敌手。

我把他几个人物的事，反复研究，就把这千古不传的秘诀，发现出来。一部二十四史，可一以贯之："厚黑而已。"兹再举汉的事来证明一下。

项羽拔山盖世之雄。咽呜叱咤，千人皆废，为什么身死东城，为天下笑！他失败的原因，韩信所说："妇人之仁，

匹夫之勇"两句话,包括尽了。妇人之仁,是心有所不忍,其病根在心子不黑;匹夫之勇,是受不得气,其病根在脸皮不厚。鸿门之宴,项羽和刘邦,同坐一席,项庄已经把剑取出来了,只要在刘邦的颈上一划,"太高皇帝"的招牌,立刻可以挂出,他偏偏徘徊不忍,竟被刘邦逃走。垓下之败,如果渡过乌江,卷土重来,尚不知鹿死谁手?他偏偏说:"籍与江东子弟八千人,渡江而西,今无一人还,纵江东父兄,怜我念我,我何面目见之。纵彼不言,籍独不愧于心乎?"这些话,真是大错特错!他一则曰:"无面见人";再则曰:"有愧于心。"究竟高人的面,是如何长起得,高人的心,是如何生起得?也不略加考察,反说:"此天亡我,非战之罪",恐怕上天不能任咎罢。

我们又拿刘邦的本事研究一下,史记载:项羽问汉王曰:"天下匈匈数岁,徒以吾两人耳,愿与汉王挑战决雌雄。"汉王笑谢曰:"吾宁斗智不斗力。"请问笑谢二字从何生出?刘邦见郦生时,使两女子洗脚,郦生责他倨见长者,他立即辍洗起谢。请问起谢二字,又从何生出?还有自己的父亲,身在俎下,他要分一杯羹;亲生儿女,孝惠鲁元,楚兵追至,他能够推他下车;后来又杀韩信,杀彭越,"鸟尽弓藏;兔死狗烹",请问刘邦的心子,是何状态,岂是那"妇人之仁,匹夫之勇"的项羽,所能梦见?太史公著本纪,只说刘邦隆准龙颜,项羽是重瞳子,独于二人的面皮厚薄,心之黑白,没有一字提及,未免有愧良史。

刘邦的面,刘邦的心,比较别人特别不同,可称天纵之圣。黑之一字,真是"生和安行,从心所欲不逾矩",至于厚字方面,还加了点学历,他的业师,就是三杰中的张良,张良的业师,是圯上老人,他们的衣钵真传,是彰彰可考

的。圯上受书一事，老人种种作用，无非教张良脸皮厚罢了。这个道理，苏东坡的留侯论，说得很明白。张良是有夙根的人，一经指点，言下顿悟，故老人以王者师期之。这种无上妙法，断非钝根的人所能了解，所以史记上说："良为他人言，皆不省，独沛公善之，良曰，沛公殆天授也。"可见这种学问，全是关乎资质，明师固然难得，好徒弟也不容易寻找。韩信求封齐王时候，刘邦几乎误会，全靠他的业师在旁指点，仿佛现在学校中，教师改正学生习题一般。以刘邦的天资，有时还有错误，这种学问的精深，就此可以想见了。

刘邦天资既高，学历又深，把流俗所传君臣、父子、兄弟、夫妇、朋友五伦，一一打破，又把礼义廉耻，扫除净尽，所以能够平荡群雄，统一海内，一直经过了四百几十年，他那厚黑的余气，方才消灭，汉家的系统，于是乎才断绝了。

楚汉的时候，有一个人，脸皮最厚，心不黑，终归失败，此人为谁？就是人人知道的韩信。胯下之辱，他能忍受，厚的程度，不在刘邦之下。无奈对于黑字，欠了研究；他为齐王时，果能听蒯通的话当然贵不可言，他偏偏系念着刘邦解衣推食的恩惠，冒冒昧昧的说："衣人之衣者，怀人之忧；食人之食者，死人之事。"后来长乐钟室，身首异处，夷及九族。真是咎由自取，他讥诮项羽是妇人之仁，可见心子不黑，作事还要失败的，这个大原则，他本来也是知道的，但他自己也在这里失败，这也怪韩信不得。

同时又有一个人，心最黑，脸皮不厚，也归失败，此人也是人人知道的，姓范名增。刘邦破咸阳，系子婴，还军坝上，秋毫不犯，范增千方百计，总想把他置之死地，心子之

黑,也同刘邦仿佛;无奈脸皮不厚,受不得气,汉用陈平计,间疏楚君王,增大怒求去,归来至彭城,疽后背死,大凡做大事的人,那有动辄生气的道理?"增不去,项羽不亡",他若能隐忍一下,刘邦的破绽很多。随便都可以攻进去。他忿然求去,把自己的老命,把项羽的江山,一齐送掉,因小不忍,坏了大事,苏东坡还称他是人杰,未免过誉?

据上面的研究,厚黑学这种学问,法子很简单,用起来却很神妙,小用小效,大用大效,刘邦司马懿把它学完了,就统一天下;曹操刘备各得一偏,也能称孤道寡,割据争雄;韩信、范增,也是各得一偏,不幸生不逢时,偏偏与厚黑兼全的刘邦,并世而生,以致同归失败。但是他们在生的时候,凭其一得之长,博取王侯将相,炫赫一时,身死之后,史传中也占了一席之地,后人谈到他们的事迹,大家都津津乐道,可见厚黑学终不负人。

上天生人,给我们一张脸,而厚即在其中,给我们一颗心,而黑即在其中。从表面上看去,广不数寸,大不盈掬,好像了无奇异,但,若精密的考察,就知道它的厚是无限的,它的黑是无比的,凡人世的功名富贵、宫室妻妾、衣服车马,无一不从这区区之地出来,造物生人的奇妙,真是不可思议。钝根众生,身有至宝,弃而不用,可谓天下之大愚。

厚黑学共分三步功夫,第一步是"厚如城墙,黑如煤炭"。起初的脸皮,好像一张纸,由分而寸,由尺而丈,就厚如城墙了。最初心的颜色,作乳白状,由乳色而炭色、而青蓝色,再进而就黑如煤炭了。到了这个境界,只能算初步功夫;因为城墙虽厚,轰以大炮,还是有攻破的可能;煤炭

第一部 厚黑学

虽黑，但颜色讨厌，众人都不愿挨近它。所以只算是初步的功夫。

第二步是"厚而硬，黑而亮"。深于厚学的人，任你如何攻打，他一点不动，刘备就是这类人，连曹操都拿他没办法。深于黑学的人，如退光漆招牌，越是黑，买主越多，曹操就是这类人，他是著名的黑心子，然而中原名流，倾心归服，真可谓"心子漆黑，招牌透亮"，能够到第二步，固然同第一步有天渊之别，但还露了迹象，有形有色，所以曹操的本事，我们一眼就看出来了。

第三步是"厚而无形，黑而无色"。至厚至黑，天上后世，皆以为不厚不黑，这个境界，很不容易达到，只好在古之大圣大贤中去寻求。有人问："这种学问，哪有这样精深？"我说："儒家的中庸，要讲到'无声无臭'方能终止；学佛的人，要到'菩提无树，明镜非台'，才算正果；何况厚黑学是千古不传之秘，当然要做到'无形无色'才算止境"。

总之，由三代以至于今，王侯将相，豪杰圣贤，不可胜数，苟其事之有成，无一不出于此；书册俱在，事实难诬，读者倘能本我指示的途径，自去搜寻，自然左右逢源，头头是道。

厚 黑 经

李宗吾曰：不薄谓之厚，不白谓之黑，厚者天下之厚脸皮，黑者天下之黑心子。此篇乃古人传授心法，宗吾恐其久而差矣，故笔之于书，以授世人。其书始言厚黑，中散为万事，末复合为厚黑；放之则弥六合，卷之则退藏于面与心，其味无穷，皆实学也。善读者玩索而有得焉，则终身用之，有不能尽者矣。

天命之谓厚黑，率厚黑之谓道，修厚黑之谓教；厚黑也者，不得须臾离也，可离非厚黑也。是故君子戒慎乎其所不厚，恐惧乎其所不黑，莫险乎薄，莫危乎白。是以君子必厚黑也。喜怒哀乐皆不发谓之厚，发而无顾忌，谓之黑！厚也者天下之大本也，黑也者天下之达道也。至厚黑，天下畏焉，鬼神惧焉。

右经一章：宗吾述古人不传之秘以立言，首言厚黑之本源出于天而不可易，其实厚黑备于己而不可离；次言孝养厚黑之要；终差厚黑功化之极；盖欲学者于此，反求诸身而自得之，以去夫外诱之仁义，而充其本然之厚黑，所谓一篇之体要是也。以下各章亲引宗吾之言，以终此章之义。

第一部 厚黑学

宗吾曰：厚黑之道，易而难，夫妇之愚，可以与知焉，及其至也，虽曹刘亦有所不知焉，夫妇之不肖，可以能行焉，及其至也，虽曹刘亦有所不能焉。厚黑之大，曹刘犹有所憾焉，而况世人乎。

宗吾曰：人皆曰子黑，驱而纳诸煤炭之中，而不能一色也；人皆曰子厚，遇乎炮弹而不能破也。

宗吾曰：厚黑之道，本诸身，征诸众人，考诸之王而不谬，鉴诸天地而不悖，质诸鬼神而无疑，百世以俟，圣人而不惑。

宗吾曰：君之务本，本立而道生，厚黑也者，其为人之本与？

宗吾曰：三人行必有我师焉，择其厚黑者而从之，其不厚黑者而改之。

宗吾曰：天生厚黑于予，世人其如予何？

宗吾曰：刘邦吾不得而见之矣，得见曹操斯可矣；曹操吾不得而见之矣，得见刘备孙权斯可矣。

宗吾曰：十室之邑，必有厚黑如宗吾者焉，不如宗吾之明说也。

宗吾曰：吾子无终食之间违厚黑，造次必于是，颠沛必于是。

宗吾曰：如有项羽之才之美，使厚且黑，刘邦不足观也已！

宗吾曰：厚黑之人，能得千乘之国，苟不厚黑，箪食豆羹不可得。

宗吾曰：五谷者种之美者也，苟为不熟，不如荑稗；夫厚黑亦在乎熟之而已矣。

宗吾曰：道学先生，厚黑之贼也，居以似忠信，行之似

廉洁，众皆悦之，自以为是，而不可与入曹刘之道，故曰：厚黑之贼也。

宗吾曰：无惑乎人之不厚黑也！虽有天下易生之物也，一日曝之，十日寒之，未有诞生者也。吾见人讲厚黑不罕矣！吾退而道学先生至矣！吾其如道学先生何哉？今天厚黑之为道，大道也，不专心致志，则不得也；宗吾发明厚黑学者也，使宗吾诲二人厚黑，其一人专心致志，惟宗吾之言为听，一人虽听之一心以为有道学先生将至，思穷圣贤之名而居之，则虽与之俱学弗若之矣！为其资质弗若欤？曰：非也。

宗吾曰：有失败之事于此，君子必自反也，我必不厚；其自反厚矣，而失败者犹是也，君子必自反也，我必不黑；其自反而黑矣，其失败犹是者也，君子曰：反对我者，是亦妄人也已矣！如此则与禽兽奚异哉！用厚黑以杀禽兽，又何难焉？

宗吾曰：厚黑之道，高矣善矣，宜若登天然，而未尝不可几及也。譬如行远必自迩，譬如登高必自卑；身不厚黑不行于妻子，使人不以厚黑不能行于妻子。

我著厚黑经，意在使初学的人，便于讽诵，以免遗忘。不过有些道理，太深奥了，我就于经文上下，加以说明。

宗吾曰：不曰厚乎，磨而不薄；不曰黑乎，洗而不明。后来我改为：不曰厚乎，越磨越厚；不曰黑乎，越洗而越黑。有人问我："世界哪有这种东西？"我说："手足的茧疤，是越磨越厚，沾了泥土尘埃的煤炭，是越洗越黑。"人的面皮很薄，慢慢的磨练，就渐渐的加厚；人的心，生来是黑的，遇着讲因果的人，讲理学的人，拿些道德仁义，蒙在上面，才不会黑，假如把他洗去了，黑的本体，自然出现。

第一部 厚黑学

宗吾曰：厚黑者，非由外铄我也，我固有之也。天生庶民，有厚有黑，民之秉彝，好是厚黑。这很可以试验：随便找一个当母亲的，把她亲生孩子抱着吃饭，小孩见了母亲手中的碗，就伸手去拖，如不提防，就会被他打烂；母亲手中拿着糕饼放在自己口中，他就会伸手把母亲口中糕饼取出放在他自己的口中。又如小孩坐在母亲的怀中吃奶，或者吃饼的时候，哥哥走至面前，他就要伸手推他打他。这些事都是不学而能，不虑而知的，即是良知良能了。把这种良知良能扩充出去，就可建立惊天动地的事业。唐太宗杀他哥哥建成，杀他的弟弟元吉，又把建成与元吉的儿子，全行杀死，把元吉的妻子，纳入后宫，又逼着父亲，把天下让与他。他这种举动，全把当小孩时，抢母亲口中糕饼，和推哥哥，打哥哥那种良知良能扩充出来的。普通人，有了这种良知良能，不知道扩充，惟有唐太宗把它扩充了，所以他就成为千古的英雄。故宗吾曰：口之于味也，有同嗜焉，耳之于声也，有同听焉，目之于色也，有同美焉，至于面与心，独无所同然乎？面与心所同然者？谓厚也，黑也，英雄特扩充我面与心之所同然耳。

厚黑这个道理，很明白的摆在面前，不论什么人都可见到，不过刚刚一见到，就被夫感应成篇阴骘文，或道学先生的学说，压伏下去了。故宗吾曰：牛山之木尝美也，斧斤伐之，非无萌蘖之生焉，牛羊又从而牧之，是以若彼其濯濯也。虽存乎人者，岂无厚与黑哉！其所以摧残其厚黑者，亦犹斧斤之于木也，旦旦而伐之，则其厚黑不足以存，厚黑不足以存，则欲为英雄也难矣！人见其不能为英雄也，以为未尝有厚黑焉，是岂人之情也哉？故苟得其餐，厚黑日长，苟失其养，厚黑日消。

宗吾曰：小孩见母亲口中有糕饼，皆知抢而夺之矣，人能其抢母亲口中糕饼之心，而能胜用也，苟能充之，足以为英雄，为豪杰，见之谓：大人者，不失其赤子心者也。苟不充足以保身体，是之谓自暴自弃。

有一种天资绝高的人，他自己明白这个道理，就实力奉行，秘不告人。又其一种资质鲁钝的人，已经走入这个途径，自己还不知道，故宗吾曰：行之而不著焉，习矣而不察焉，终身由之，而不知厚黑者众也。

世间学说，每每误人，惟有厚黑绝不会误人。就是走到

第一部　厚黑学

了山穷水尽，当乞丐的时候，讨口饭，也比别人多讨点。故宗吾曰：大自皇帝以至于乞儿，亦是皆以厚黑之本。

厚黑学博大精深，有志此道者，必须专心致志，学过一年，才能应用，学过三年，才能大成；故宗吾曰：苟有学厚黑者，期月而已可也。三年有成。

厚黑传习录

有人问我道:"你发明厚黑学,为什么你做事每每失败?为什么你的学生的本领还比你大,你每每吃他的亏?"

我说:"你这话差了。凡是发明家,都不可登峰造极。儒教是孔子发明的,孔子登峰造极了,颜、曾、思、孟,学问又低一层,后来学周、程、朱、张的,更低一层,愈趋愈下,其原因就是教主的本领太大了。凡东洋方面的学问皆然,道教中的老子,佛教中的释迦,都是这种现象。惟西洋的科学则不然,发明的时候很粗浅,越研究越精深,发明蒸气的人,只悟得汽冲壶盖之理,发明电气的人,只悟得死蛙运动之理,后人继续研究下去,造出种种的机械,有种种的用途,为发明蒸气电气的人,所万不能逆料的。可见西洋科学,是后人胜过前人,学生胜过先生。我的厚黑学等于西洋的科学,我只能讲点汽冲壶盖,死蛙运动,中间许多道理,还望后人研究,我的本领当然比学生小,遇着他们,当然失败,将来他们传授些学生出来,他们自己,又被学生打败,一辈胜过一辈,厚黑学自然就昌明光大了!"

又有人问道:"你把厚黑学讲得这样神妙,为什么不见

第一部 厚黑学

你做出一些轰轰烈烈的事？"

我说道："我试问，我们的孔夫子，究竟做出了多少轰轰烈烈的事？他讲的为政为邦，道的千乘之国，究竟实行为政国为了几件？曾子著一部大学，专讲治国平天下，请问他治的国在哪里？平的天下在哪里？子思著了一部中庸，说了些中和位育的话，请问他中和位育的实际安在？你不去质问他们，反来质问我，明师难遇，至道难闻，这种无上甚深微妙法，百千万劫难遭遇，你听了还要怀疑，那么未免自误了。"

民国元年，我发布厚黑学的时候，遇着一位姓罗的朋友，新从某县做了知事回来，历数他在任内，如何如何的整顿，言下很高兴，又说：因某事失误，把官失掉了，案子至今尚未了结，又非常懊丧。言次谈及厚黑学，我原原本本地告诉他，他听得津津有味，我乘他正听得入神之际，猝然站起来，把桌子一拍，厉声说道："罗某！你生平作事，有成有败，究竟你成功的原因，在什么地方？失败的原因，在什么地方？究竟离脱这二字没有？速道！速道！不许迟疑！"

他听了我这话，如雷贯耳，呆了半晌，才叹口气说道："真真是莫有离脱这二字"。这位姓罗的朋友，终于可称顿悟。

我发布厚黑学，用的别号是"独尊"二字，取"天上地下，唯我独尊"之意，与朋友写信，也用别号，后来我又写作"蜀酋"。有人问："蜀酋二字作何解？"

我答道："我发布厚黑学，有人说我疯了，离经叛道，非关在疯人院不可。我说：那么，我就成为蜀中之罪酋了，因此名为蜀酋。"

我发布厚黑学过后，许多人实力奉行，把四川造成一个

厚黑国。有人问我道:"国中首领,非你莫属"。我说:"那么,我就成为蜀中之酋长了。"因此又名为蜀酋。再者我讲授厚黑学,得我真传的弟子,本该授以衣钵,但是我的生活,是沿门托钵,这个钵要留来自用的,只把我的狗皮褂子脱与他穿,所以独字去了犬旁,成为蜀字。① 我的高足弟子很多,好弟子之足高,则先生之足短,弟子之足高一丈,则先生之足短一寸,所以尊字截去了寸字,成为酋字,有此原因我只好称为蜀酋了。

我把厚黑学发表出来,一般人读了,说道:"你这门学问,博大精深,我们读了此书,犹如读大学中庸一般,茫无下手处,请为我辈钝根众生,说下乘法,传授点实用的法子,我们才好照着做。"

我问道:"你们想做什么?"答道:"我想弄个官来做,并且还要做得轰轰烈烈,一般人都认为大政治家。"我于是传他,"求官六字真言","做官六字真言"和"办事二妙法。"

① 独的繁写为獨。

第一部 厚黑学

求官六字真言

求官六字真言:"空、贡、冲、捧、恐、送。"此六字俱是仄声,其意义如下:

一、空

即空闲之意,分两种:一指事务而言,求官的人,定要把一切事放下,不工不商,不农不贾,书也不读,学也不教,一心一意,专门求官。二指时间而言,求官的人,要有耐心,不能着急,今日不生效,明日又来,今年不生效,明年又来。

二、贡

这贡字是借用的,四川的俗语,其意义等于钻营的钻字,"钻进钻出",可以说"贡进贡出"。求官要钻营,这是众人知道的,但是定义很不容易下,有人说:"贡字的定义,是有孔必钻。"我说:"这错了!只说得一半,有孔才钻,无

孔者无奈之何？"我下的定义是："有孔必钻，无孔也要钻。有孔者扩而大之，无孔者，取出钻子，新开一孔。"

三、冲

普通所谓之"吹牛"，四川话是"冲帽壳子"，冲的功夫有两种："一是口头上，二是文字上；口头上又分普通场所，及上峰的面前两种，文字上又分报章杂志，及说帖条陈两种。"

四、捧

就是捧场的捧字，戏台上魏公出来了，那华歆的举动，是绝好的模范。

五、恐

是恐吓的意思，是及物动词，这个字的道理很精深，我不妨多说几句。官之为物，何等宝贵，岂能轻易给人？有人把捧字做到十二万分，还不生效，这就是少恐字的工夫：凡是当轴诸公，都有软处，只要寻着他的要害，轻轻点他一下，他就会惶然大吓，立刻把官儿送来。学者须知：恐字与捧字，是互相为用的，善恐者，捧之中有恐，旁观的人，看他在上峰面前说的话，句句是阿谀逢迎，其实是暗击要害，上峰听了，汗流浃背。善捧者，恐之中有捧，旁观的人，看他傲骨棱棱，句句话责备上峰，其实受之者满心欢喜，骨节皆酥。"神而明之，存乎其人"，"大匠能人与规矩，不能使

人巧",是在求官的人细心体会,最要紧的,用恐字的时候,要有分寸,如用过度了,大人们恼羞成怒,作起对来,岂不就与求官的宗旨大相违背?这又何苦乃尔,非到无可奈何的时候,恐字不能轻用。

六、送

即是送东西,分大小二种:大送,把银元钞票一包包的拿去送;小送,如春茶,火肘,及请吃馆子之类。所送的人,分两种:一是操用舍之权者;二是未操用舍之权,而能予我以助力者。

这六字做到了，包管字字发生奇效，那大人先生，独居才思，自言自语：某人想做官，已经说了许久（这是空字的效用），他和我有某种关系（这是贡字的作用），某人很有点才智（这是冲字的效用），对于我很好（这是捧字的效用），但此人有点歪才，如不安置，未必不捣乱（这是恐字的效用），想到这里，回头看看桌上黑压压的，或者白亮亮的堆了一大堆（这是送字的效用），也就无话可说，挂出牌来，某缺由某人署迎。求官到此，可谓功行圆满了。于是走马上任，实行做官六字真言。

第一部　厚黑学

做官六字真言

做官六字真言:"空、恭、绷、凶、聋、弄。"此六字俱平声,其意义如下:

一、空

空即空洞的意思,一是文字上:凡是批呈词,出文告,都是空空洞洞的,其中奥妙,我难细说,讲到军政各机关,把壁上的文字读完,就可恍然大悟;二是办事上,随便办什么事情,都是活摇活动,东倒也可,西歪也可,有时办得雷厉风行,其实暗中藏有退路,如果见势不佳,就从那条路抽身走了,绝不会把自己牵挂着。

二、恭

就是卑恭折节,胁肩谄笑之类,分直接间接两种,直接是指对上司而言,间接是指对上司的亲戚朋友丁役及姨太太等类而言。

三、绷

即俗语所谓绷劲，是恭字的反面字：对下属及老百姓而言，分二种：一种是仪表上，赫赫然大人物，凛不可犯；二是言谈上，俨然腹有经纶，槃槃大才。恭字对饭甑子所在地而言，不必一定是在上；绷字对非饭甑子所在地而言，不必一定是下属和老百姓。有时甑子之权，不在上司，则对上司，亦不妨厚；有时甑子之权，操之下属或老百姓，又当改而为恭。吾道原是活泼泼地，运用之妙，存乎一心也。

四、凶

只能达到我的目的，他人卖儿卖妇，都不必顾忌，但有一层应当注意，凶字上面定要蒙上一层仁义道德。

五、聋

就是耳聋："笑骂由他笑骂，好官我自为了。"但，聋子中包含有瞎子的意义，文字上的诋骂，闭着眼睛不看。

六、弄

即弄钱之弄，俗语读作平声。千里来龙，此处结穴，前面的十一个字，都是为了这个字而设的。弄字与求官之送字是对照的，有了送就是弄。这个弄字，最要注意，是要能够在公事上通得过才成功，有时通不过，就自己垫点腰包里的

钱,也不妨;如果通得过,任他若干,也就不用客气了。

以上十二字,我不过粗举大纲,许多的精义,都没有发挥,有志于官者,可按着门径,自去研究。

办事二妙法

一、锯箭法

有人中了箭,请外科医生治疗,医生将箭杆锯了,即索谢礼,问他为什么不把箭头拔出?他说:那是内科的事,你去寻内科好了。这是一段相传的故事。

现在各级机关,与夫大办家事,都是用这种方法;譬如批呈词:"据呈某某等情,实属不合已极,仰候令饬该县知事,查明严办。""不合已极"这四个字是锯箭杆,"该知事"是内科。抑或"仰候转呈上峰核办",那"上峰"就是内科。又如有人求我办一件事情,我说:"这个事情我很赞成,但是,还要同某人商量。""很赞成"三个字是锯箭杆,"某人"是内科,又或说:"我先把某部分办好了,其余的以后办。""先办"是锯箭杆,"以后"是内科。此外有只锯箭杆,并不命其寻找内科的,也有连箭杆都不锯,命其径寻内科的,种种不同。细参自悟。

第一部 厚黑学

二、补锅法

做饭的锅漏了,请补锅匠来补,补锅匠一面用铁片刮锅底煤烟,一面对主人说:"请点火来我烧烟。"他乘着主人转背的时候,用铁锤在锅上轻轻的敲几下,那裂痕就增长了许多,及主人转来,就指给他看,说道:"你这锅裂痕很长。上面的油腻了,看不见,我把锅烟刮开,就现出来了,非多补几个钉子不可。"主人埋头一看,很惊异地说:"不错!不

错！今天不遇着你，这口锅子恐怕不能用了。"及至补好，主人与补锅匠，皆大欢喜而散。

郑庄公纵容共叔段，使他多行不义，才举兵征讨，这就是补锅法了。历史上这类事情是很多的。有人说："中国变法，有许多地方是把好肉割了下来医。"这就是变法诸公，用的补锅法，在前清官场，大概是用锯箭法。民国初年，是锯箭补锅二法互用。

上述二妙法，是办事的公例，无论古今中外，合乎这个公例的就成功。违反这个公例的即失败；管仲是中国的大政治家，他办事就是用这两种方法，狄人伐卫，齐国按兵不动，等到狄人把卫灭了，才出来做"举灭国继绝死"的义举，这是补锅法；召陵之役，不责楚国僭王号，只责他包茅不贡，这是锯箭法。那个时候，楚国的实力，远胜齐国，管仲敢于劝齐桓公举兵伐楚，可说是把锅敲烂了来补。及至楚

国露出反抗的态度,他立即锯箭了事。召陵一役,以补锅法始,以锯箭法终。管仲把锅敲烂了能把它补起,所以称为天下奇才。

明季武臣,把流寇围住了,故意放他出来。本是用的补锅法。后来制他不住,竟至国破君亡。把锅敲烂了补不起,所以称为"误国庸臣"。岳飞想恢复中原,迎回二帝,他刚刚才起了取箭头的念心,就遭杀身之祸,明英宗也被先捉去,于谦把他弄回来,算是把箭头取出了,仍然遭杀身之祸,何以故?违反公例故。

晋朝王导为宰相,有一个叛贼,他不去讨伐,陶侃责备他,他复信说:"我遵养时晦,以待足下。"侃看了这封信笑说:"他无非是'遵养时贼'罢了。"王导"遵养时贼"以待陶侃,即留着箭头专等内科。诸名士在新亭流涕,王导变色曰:"当其戮力王室,克复神州,何至作楚囚对泣。"他义形于色,俨然手执铁锤,要去补锅,其实说两句漂亮话就算完事;怀念二帝,陷在北边,永世不返,箭头永未取出,王导这种举动,略略有点像管仲,所以历史上称他为"江左夷吾"。读者如能照我说的方法实行,包管他成为管子而后的第一大政治家。

结 论

我把厚黑学讲完了,特别告诉读者一个秘诀,大凡行使厚黑之时,表面上,一定要糊一层仁义道德,不能把它赤裸裸的表现出来,王莽之失败,就由于露出了的原故。如果终身不露,恐怕至今孔庙中,还会写一个"先儒王莽之位"大吃其冷猪肉。

韩非《说难》篇,有曰:"阴称其言,而显弃其身。"凡是我的学生,定要懂得这个法子。假如有人问你:"认得李宗吾否?"你就取出最庄严的面孔说道:"这个人坏极了,他是讲厚黑学的,我认他不得。"口虽如此说,而心中则恭恭敬敬的,供一个"大成至圣先师李宗吾之位"。果能这样做,包管你做出许多惊天动地的事业,为举世所佩仰,死后还要入孔庙吃冷猪肉。所以我每听见有人骂我,就非常高兴,说道:"吾道大行矣。"

还有一层,我说:"厚黑上面,要糊一层仁义道德。"这是指遇着道学先生而言,假如遇着讲性的朋友,你也同他讲仁义道德,岂非自讨没趣?这个时候,则应当糊上"恋爱神圣"四字。难道他不喊你是同志吗?总之,面子上

第一部　厚黑学

是应当糊以甚么东西,是在学者应时地,神而明之,而事子的厚黑二字,则万变不离其宗,有志斯学者,细细体会!

第二部

厚黑必活

厚黑史观、厚黑哲理、
厚黑学之应用、厚黑学发明史

作者于满清末年,发明厚黑学,大旨言一部廿四史中的英雄豪杰,其成功秘诀,不外面厚心黑四字,引历史事实为证。民国元年,揭登成都公论日报。这本是写来开玩笑的,不料从此以后,厚黑学三字,竟洋溢于四川,成一普通名词,我也莫名其妙,每遇着不相识的朋友,旁人替我介绍,必说道:"这就是发明厚黑学的李某。"几于李宗吾三字,和厚黑学三字,合而为一。等于释迦牟尼,与佛教合而为一,孔子与儒教合而为一。

有一次宴会席上,某君指着我,向众人说道:此君姓李名宗吾,是厚黑学的先进。我赶急声明道:你这话错了,我是厚黑学祖师,你们才是厚黑学的先进。我的位置,等于佛教中的释迦牟尼、儒教中的孔子,当然称为祖师,你们亲列门墙,等于释迦门下的十二圆觉,孔子门下的四科十哲,对于其他普通人,当然称为先进。

厚黑学,是千古不传之秘,我把它发明出来,可谓其功不在禹下。每到一处,就有人请我讲厚黑学,我身抱绝学,

第二部 厚黑丛话

不忍自私,只好勤勤恳恳地讲授,随即笔记下来,名之曰厚黑丛话。

有人驳我道:面厚心黑的人,从古至今,岂少也哉!这本是极普通的事,你何以安窃发明家之名?我说:所谓发明家,等于矿师之寻出煤矿铁矿。并不是矿师拿些煤铁嵌入地中,乃是地中原来有煤有铁,矿师把上面的土石除去,煤铁自然出现,这就谓之发明了。厚黑本是人所固有的,只因被四书五经宋儒语录和感应篇、阴骘文、觉世真经等等蒙蔽了,我把它扫而空之,使厚与黑,赤裸裸地现出来,是谓之发明。

牛顿发明万有引力,这种引力,也不是牛顿带来的,自开辟以来,地心就有吸力,经过了百千万亿年,都无人知道,直到牛顿出世,才把它发现出来。厚黑这门学问,从古至今,人人都能够做。无奈行之而不著,习矣而不察,直到李宗吾出世,才把它发明出来。牛顿可称为万有引力的发明家,李宗吾当然可称为厚黑学的发明家。

有人向我说道:我国连年内乱不止,正由彼此施行厚黑学,才闹得这样糟,现在强邻压迫,亡国在于眉睫,你怎么还在提倡厚黑学?我说:正因为亡国迫在眉睫,更该提倡厚黑学,能把这门学问研究好了,国内纷乱的状况,才能平息,才能对外。厚黑是办事上的技术,等于打人的拳术。诸君知道:凡是拳术家,都要闭门练习几年,然后才敢出来与人交手。从辛亥至今,全国纷纷扰扰者,乃是我的及门弟子,和私塾弟子,实地练习,他们师兄师弟,互相切磋,迄今二十四年,算是练习好了。开门出来,与人交手,真可谓:"以此制敌,何敌不摧;以此图功,何攻不克。"我基于此种见解,特提出一句口号曰:"厚黑救国。"请问居今之

日，要想抵抗列强，除了厚黑学，还有什么法子？此厚黑丛话，所以不得不作也。

抵抗列强，要有力量，国人精研厚黑学，能力算是有了的，譬如射箭，箭是射得很好，从前是开着门以父子兄弟，你射我，我射你，而今以列强为箭垛子，支支箭向同一之垛子射去，我所谓厚黑救国，如是而已。

厚黑救国，古有行之者，越王勾践是也。会稽之败，勾践自请身为吴王之臣，妻入吴宫为妾，这是厚之诀。后来举兵破吴，夫差遣人痛哭乞情，甘愿身为臣，妻为妾，勾践毫不松手，非把夫差置之死地不可，这是黑字诀。由此知：厚黑救国，其程序是先之以厚，继之以黑，勾践往事，很可供我们的参考。

项羽拔山盖世之雄，其失败之原因，韩信所说："匹夫之勇，妇人之仁"两句话，就断定了。匹夫之勇，是受不得气，其病根在不厚。妇人之仁，是心有所不仁，其病根在不黑。所以我讲厚黑学，谆然也以不厚不黑为文戒。但所谓不厚不黑者，非谓全不厚黑，如把厚黑用反了，当厚而黑，当黑而厚，谆是断然要失败的。以明朝言之，不自量力，对满洲轻于作战，是谓匹夫之勇。对流寇不知其野性难驯，一意主抚，是谓妇人之仁，由此知明朝亡国，其病根是把厚黑二字用反了。有志救国者，不可不精心研究。

我国现在内忧外患，其情形很与明朝相类，但所走的途径，则与之相反。强邻压境，熟思审虑，不悻悻然与之角力，以匹夫之勇为戒。对乎国中匪徒，放手剿去，不务姑息，力反妇人之仁，这是很可喜的。明朝外患愈急迫，内部党争愈激烈，崇祯已经在煤山缢死了，福王立于南京，所谓志士者，还在闹党争。福王被满清活捉去了，辅立唐王桂王

第二部 厚黑丛话

鲁王的志士,还在闹党争。我国迩来则不然,外患愈急迫,内部党争愈消灭,许多兵戎相见的人,而今欢聚一堂。明朝的党人,忍不得气,现在的党人,忍得气,所走的途径又与明朝相反,这是更可喜。厚黑先生曰:"知明朝之所以亡,则知民国之所以兴矣。"我希望有志救国者,把我发明的"厚黑史观,"下一番仔细研究。

昨日我回到寓所,见客厅中坐一个相熟的朋友,一见面就说道:"你怎么又在报上讲厚黑学?现在人心险诈,大乱不已,正宜提倡讲道德,以图挽救,你发出这些怪议论,岂不把人心愈弄愈坏吗?"我说:"你也太过虑了。"于是把我全部思想,原原本本,说与他听,直谈到二更,他欢然而去,说道:"像这样说来,你简直是孔子信徒,厚黑学简直是救济世道人心的妙药,从今以后,我在你这个厚黑教主名下,当一个信徒就是了。"

梁任公曾说:"假令我不幸而死,是学界一种损失。"不料他五十六岁就死了,学术界的损失,真是不小。古来的学者,如程明道、陆象山,是五十四岁死的。韩昌黎、周濂溪、王阳明,都是五十七岁死的。鄙人在厚黑学的地位,自信不在梁程陆韩周王之下,讲到年龄,已经有韩周王三人的高寿,要喊梁程陆为老弟,所虑者万一我一命呜呼,则是曹操刘备诸圣人,相传之心法,自我而绝,厚黑界受的损失,还可计算吗?所以我急急忙忙的写文字——岂好讲厚黑哉,余不得已也。

马克思发明唯物史观,我发明了厚黑史观。用厚黑史观,去读二十四史,则成败兴衰,了如指掌,用厚黑史观,去考察社会,则如牛渚燃犀,百怪毕现。我们用厚黑史观,攻击达尔文强权竞争的说法,使迷信武力的人,失去理论上

的立场。我希望读者耐心读去，不可先存一个心，说："厚黑学，是诱惑人心的东西"，更不可先存一个成见，说："马克思达尔文是西洋圣人，李宗吾是中国坏人，从古到今，断没有中国人的说法，会胜过西洋人的。"如果你心中这样想，就请你每日读华西副刊的时候，看见厚黑对话一栏，就闭目不视，免得把你诱坏。

  有天我去会一个朋友，他是讲宋学的先生，一见我，就说我不该讲厚黑学，我因他是个迂儒，不与深辩，婉辞称谢。殊知他越说越高兴，简直带出训斥的口吻来了，我气他不过，说道：你自称孔子之徒，据我看来，只算是孔子之奴，够不上称孔子之徒，何以言之呢？你们讲宋学的人，神龛上供的是"天地君亲之位"，你既尊孔子为师，则师徒犹父子，也可说君臣，古云："事父母几谏"。又云："事君有犯而无隐"，你为什么不以事君父之礼事孔子？明知孔子的学说，有许多地方，对于现在不适用，不敢有所修正真是潜臣媚子之所为，非孔子家奴为何？古今够得上称孔子之徒者，孟子一人而已，孔子曰"我战则克"，孟子曰："善战者服上刑"，依孟子说法，孔子是该处以极刑的。孟子曰："仲尼之徒，无道桓公之事者"，又把管仲说得极不堪，曰"功烈如彼其卑也"，而论语上明明载：孔子曰"齐桓公正而不谲"，又曰："桓公九合诸侯，不以兵革，管仲之力也，如其仁，如其仁。"又曰"管仲相桓公，霸诸侯，一匡天下，民到于今受出赐，微管仲吾其被发在左衽矣。"孟子的话，岂不与孔子冲突吗？孔子修春秋，以尊周为王，称周王曰"天主"，孟子游说诸侯，一则曰："地方百里而可以王"，再则曰："大国五年，小国七年，必为政于天下"，未知置周王于何地，岂非孔教叛徒？而其自称，则曰："乃所愿则学孔子

也。"孟子对于孔子，是脱了奴性的，故可称之曰孔子之徒。汉宋诸儒，皆孔子之奴也。至于你吗，满口程朱，对于宋儒，明知其有错误，不敢有所纠正，反曲为之疵，真是家奴之奴，称曰："孔子之奴"。犹未为过誉。说罢，彼等不欢而散。阅者须知：世间主人的话好说，家奴的话不好说，家奴之奴，更难得说，中国纷纷不已者，孔子家奴为之也，并且是家奴之奴为之也，与主人何尤！

我不知有孔子学说，更不知有马克思学说和达尔文学说，我只知有厚黑学而已。问厚黑学何用？用以抵抗列强。我敢以厚黑教主之资格，向四万万人宣言："勾践何人也，予何人也，凡我同志，快快的厚黑起来！何者是同志？心思才力用于抵抗列强者，即是同志；何者是异党？心思才力用于倾陷本国人者，即是异党。"从前张献忠祭梓潼文昌帝君曰："你姓张，咱老子也姓张，咱与你联宗吧"。我想，孔子在天之灵，见了我的宣言，一定说："咱讲内诸夏，外夷狄，你讲内中国，外列强，咱与你联合罢"。

梁任公曰："读春秋当如读楚辞：其辞则美人香草，其义则灵修世，其辞则齐桓晋文，其义即素王制也。"呜呼，知此者可以读厚黑学矣！其词则曹操，刘备，其义则十年沼吴之勾践，八年血战之华盛顿也。师法曹操刘备者，师厚黑之技术，至曹操之目的为何，不必深问，斯义也，恨不得起任公于九泉，而一与讨论之。

我著厚黑学，纯用春秋书法，善恶不嫌同辞，据事直书，善恶自见。同是一厚黑，用以图一己之私利，是极卑劣之行为，用以图众人之公利，是至高无上的道德，所以不懂春秋书法者，不可以读厚黑学。

民国六年，成都国民公报社，把厚黑学印成单行本。宜

宾唐倜风作序,中江谢绥青作跋。绥青之言曰:"厚黑学,如利刃,用以诛叛逆则善,用以屠良民则恶。善与恶,何关于刃。故用厚黑以为善,则为善人,用厚黑以为恶,则为恶人。"绥青这种说法,是很对的,与有所说春秋书法,同是一意。

倜风之言曰:"宗吾此书,真不啻聚千古大奸大诈于一堂,而一一议定其罪,吾人熟读此书,即知厚黑中人,比比皆是,庶几出而应世,不为若辈所愚。"倜风此说,固有至理,然不如绥青所说,尤为圆通。

庄子曰:"不龟乎一也,或以封,或不免于洴澼絖。"呜呼,若庄子者,始可与言厚黑矣!禅让一也,舜禹行之则为圣人,曹丕刘裕行之,则为逆臣。宗吾曰:舜禹之事,倘所谓厚黑,是耶非耶,余甚惑焉。倜风披览状子不释手,而于厚黑学,犹一间未达,惜哉。倜风晚年从欧阳竟无,讲唯识学,回成都,贫病而死。夏斧私挽以联,有云:"有钱买书,无钱买米。"假令倜风只买厚黑学一部,而以余钱买米,虽至今生存可也,然而倜风不悟也,悲夫!悲夫!

我宣传厚黑学,有两种意思:

甲、即倜风所说:"聚千古大奸大诈于一堂,而一一议定其罪。"民国元年发布的厚黑学,与夫传习录所说:求官六字真言,做官六字真言,和办事二妙法等等,皆属于甲种。

乙、即绥青所说:"用厚黑以为善。"此次所讲的厚黑丛话,即属于乙种。

阅者诸君,对于我的学问,如果精研有得,以后如有人对于行使厚黑学,你一人眼就明白,可直告之曰:"你是李宗吾的甲班学生,我与你同班毕业,你那些把戏,少拿出来耍些。"于是同学与同学,开诚相见,而天下从此太平矣,

第二部 厚黑丛话

此则厚黑学之功也。有人说："老子云：'邦之利器，不可以示人'。"你把厚黑学公开讲说，万一国中的汉奸，把他翻译成英法德俄日等外国文，传播各界，列强得着这种秘诀，用科学方法整理出来，返而施之于我，等于把我国发明的火药，加以改良，返而轰我一般，如何得了？我说：惟恐其不翻译，越翻译得多越好，宋朝用司马光为宰相，辽人闻之，戒其边吏曰："中国相司马公矣，勿再生事。"列强听见中国出了厚黑教主，还不闻风丧胆吗？孔子曰："言忠信，行笃敬，虽蛮貊之邦可行也。"我国对外政策，历来建筑在一个诚字上。今可明明白白告诉他："我国现遍设厚黑学校，校中供的是'大成至圣先师越王勾践之神位。'厚黑教主，开了一个函授学校，每日在报上发讲稿，定下十年沼吴的计划，这十年中，你要求什么条件，我国就答应什么条件，等到十年后，算账就是了。"我们口中如此说，实际上即如此做，决不欺哄他。但要敬告翻译的汉奸先生，译厚黑学时，定要附译一段，说："勾践最初对于吴王，身为臣，妻为妾，后来吴王请照样的身为臣，妻为妾，勾践不允，非把他置于死地不可，加了几倍的利钱。这是我们先师遗传下来的教条，请列强于头钱之外，多预备点利钱就是了。"从前王德用守边，契丹遣人来侦探，将士请逮捕之，德用说："不消。"明日，大阅兵，简直把军中实情，拿与他看。侦探回去报告，契丹即遣人来议和。假如外国人知道我国朝野上下，一致研究厚黑学，自量非敌，因而敛其野心，十年后不开大杀戒，而厚黑学造福于人类者，窭有暨耶？此汉奸先生翻译之功也。彼高谈仁义者，乌足知之。传曰："火烈民望而畏之，故鲜死焉。水懦弱民狎而玩之，则多死焉。"厚黑先生者，其我佛如来之化身欤。

厚 黑 学 HOU HEI XUE

友人雷民心,发明了一种最精粹的学说,其言曰:"世间的事,分两种,一种是做得说不得,一种是说得做不得。例如夫妇居室之事,尽管做,如拿在大庭广众下说,就成为笑话,这是做得说不得。又如两个朋友,以狎语相戏谑,抑如骂人的妈和姐妹,闻者不甚以为怪,如果认真实现,就大以为怪了,这是说得做不得。"民心这种学说,凡是政治界学术界的人,不可不悬诸座右,厚黑学是做得说不得的,读者不可不知。

做得说不得这句话,是论语"民可以使由之,不可使知之"的注脚;说得做不得这句话,是孟子井田章和周礼一书的注脚。假令王莽、王安石,聘民心去当高等顾问,决不会把天下闹得那么坏。

辛亥年成都十月十八日兵变,全城秩序,非常之乱,杨莘友出来任巡警总督,捉着扰乱治安的人,就地正法,出的告示,模仿张献忠七杀碑的笔调,连书斩斩斩,大得一般人的欢迎。全城男女老幼,提及总督之名,歌颂不已。后来秩序稍定,他发表了一篇《杨维(莘友名)之宣言》说:"今后实行开明专制。"于是物议沸腾,报章上指责他,省议会也纠举他,说:"而今是民主时代,岂能再用专制手段。"殊不知莘友从前的手段,纯粹是蛮专制,后开改行开明专制,在莘友是进化了,只因把专制二字,明白说出,所以大遭物议。民心说:"天下事有做得说不得的。"莘友之事,是很好的一个例证,关于莘友之事,孔子所说:"民可以使由之,民不可使知之。"就算得到了注解。

我定有一条公例:"用厚黑学以图谋一己之私利,是发卑劣之行;为用厚黑以图谋众人公利,是至高无上之道德。"莘友野蛮专制,其心黑矣,而人反歌颂不已,何以故,图谋

第二部 厚黑丛话

公利故。

厚黑救国这句话,做也做得,说也说得,不过学识太劣的人,不能对他说罢了,我这次把厚黑学公开讲说,就是把他变成做得科学。

胡林翼曾说:"只要有利于国,就是顽钝无耻的事我都干。"相传林翼为湖北巡抚时,官文为总督,有天总督夫人生日,藩台去拜寿,手本已经拿上去了,才知道是如夫人生日,又将手本索回,折身转去,其他各官,也随之而去。不久林翼来,有人告诉他,他听进了,伸出大拇指说道:"好藩台!如藩台!"说毕,取出了手本递上去,自己红顶花翎去拜寿。众官听说巡抚都来了,又纷纷转来。次日官妾来巡抚衙门谢罪,林翼请他的母亲十分优待,官妾就拜在胡母膝下为义女,林翼为干哥哥。此后军事上有应该同总督会商的事,就请干妹妹从中疏通,官文稍一迟疑,其妾聒其耳曰:"你的本事,那一点比我们胡大哥,你依着他的话做就是了。"因此林翼办事,非常顺手。官胡交欢,关系满清中兴甚巨。林翼干此等事,其面可谓厚矣,众人不惟不说他卑鄙,反引为美谈,何以故?心在国家故。

严世蕃是明朝的大奸臣,这是众人知道的,后来皇上把他拿下,丢在狱中,众臣合拟一奏折,历数其罪状,如杀杨椒山沈𬭎之类,把稿子拿与宰相徐阶看,阶看了说道:"你们是想杀他?想放他?"众人说:"当然想杀他。"徐阶说:"这奏折一上去,皇上立即把他放出来,何以故呢?世蕃杀这些人,都是巧取上意,使皇上自动的要杀他,此折上去,皇上就会说:'杀这些人明明是我的意思,怎么诬到世蕃身上。'岂不立把他放出来吗?"众人请教如何办;徐阶说:"皇上最恨倭寇,说他私通倭寇就是了。"徐阶关着门把折子

改了递上去,世蕃在狱中探得众人奏折内容,对亲信人说道:"你们不必担忧,不几天我就出来了。"后来折子发下,说他私通倭寇,大惊道:"完了!完了!"果然把他杀了。世蕃罪大恶极,本来该杀,独莫有私通倭寇,可谓死非其罪,徐阶设此毒计,其心不为不黑,然而后来都称他有智谋,不说他的阴毒,何以故?为国家除害故。

李次青是曾国藩得意门生,国藩兵败靖港祁门等处。次青与他患难相共,后来次青兵败失地,国藩想学孔明斩马谡,叫幕僚拟奏折严办他,众人不肯拟,叫李鸿章拟,鸿章说道:"老师要办次青,门生愿以去求争。"国藩道:"你要去,很可以,奏折我自己拟就是了!"次日叫人与鸿章送四百银子去,"请李大人搬铺。"鸿章在幕中,有数年的劳绩,为此事逐出。奏折上去,次青受重大处分。鸿章出来,无所事事,只得托人疏通,仍回曾幕。国藩此等地方手段狠辣,逃不脱一个黑字,然而次青仍是感恩知遇,国藩死,哭以诗,非常恳挚。鸿章晚年,封爵拜相,谈到国藩,感佩不已。何以故?以其无一毫私心故。

上述胡徐曾三事。如果用以图谋私利,岂非至卑劣之行为?移以图谋公利,就成为最高尚之道德。像这样的观察,就可把当事人的秘诀寻出,也可说把救国的策略寻出。现今天下大乱,一般人都说将来收拾大局,一定是曾国藩、胡林翼一流人,但是要学曾胡,从何下手?难道把曾胡全集,字字读句句学?这也无须,有个最简单的法子:把全副精神,集中在抵抗列强上面,目无旁视,耳无旁听,抱定厚黑两字,放手做去,得的效果,包管与曾胡一般无二。如嫌厚黑二字不好听,你在表面上,换两个好听字眼。切不要学杨莘友把专制二字说明。你如有胆量,就学胡林翼,赤裸裸地说

第二部 厚黑丛话

道:"我是顽钝无耻",列强其奈你何!是谓之厚黑救国。

我把世界外交史,研究了多年,竟把列强对外的秘诀发现出来,其方式不外两种:一曰劫贼式,一曰娼妓式。时而横不依理,用武力掠夺,等于劫贼之明火抢劫,是谓劫贼式的外交。时而甜言蜜语,曲语结欢心,等于娼妓媚客,结的盟约,全不生效,等于娼妓之海誓山盟,是谓娼妓式的外交。

人问日本以何者立国?答曰:"厚黑立国。"娼妓之面最厚,劫贼之心最黑,大概日本军阀的举动,是劫贼式,外交官的言论,是娼妓式。劫贼式之后,继以娼妓式,娼妓式之后,继以劫贼式,二者循环互用,而我国就吃亏不小了。娼妓之面厚矣,毁弃盟誓,则厚之中有黑。劫贼之心黑矣,不顾唾骂,则黑之中有厚。一面用武力掠夺我国土地,一面高谈中日亲善,娼妓与劫贼,融合为一,是之谓大和魂。

人问:我国当以何者救国?答曰:"厚黑救国。"日本以厚字来,我以黑字应之,日本以黑字来,我以厚字应之。娼妓艳装而来,开门纳之,但缠头费,丝毫不能出,如服侍不周,把衣饰剥了,逐出门去,是谓以黑字破其厚。日本横不依理,以武力压迫,我们用张良的法子对付他,张良圯上受书,老人种种作用,无非教他面皮厚罢了。楚汉战争,高祖用张良计策,睢水之战败了,整兵又来,荥阳成皋败了,整兵又来,卒把项羽迫死乌江。我们用这个法子,对于日本,是谓以厚字破其黑。黑厚与救国,融合为一,是之谓中国魂。

史记:项王谓汉王曰:"天下匈匈数岁者,徒以吾两人耳,愿与汉王挑战决雌雄。"汉王笑谢曰:"吾宁斗智不斗力。"笑谢二字,非厚而何?后来鸿沟划定,楚汉讲和了,

项羽把太公吕后送还，引兵东归，汉王忽然毁盟，以大兵随其后，把项王逼死乌江，非黑而何？故厚黑救国者惟一之妙法也，有越王勾践之先例在，有刘邦之先例在。

有人问我道：你的厚黑学，怎么我拿去实行，处处失败？我问：我著的厚黑丛话，你看过没有？答：没有。我问厚黑学单行本，你看过没有？答：没有。我只听见人说：做事离不了面皮厚，心子黑，我就照这话行去。我说：你的胆子真大，听见厚黑学三字，就拿去实行，仅仅失败，尚能保全生命而还，还算你的造化。我著厚黑学，是用厚黑二字，把一部廿四史，一以贯之，是为《厚黑史观》。我著《心理与力学》，定出一条公例："心理变化，循力学公例而行。"是以"厚黑哲理，基于厚黑哲理，来改良政治经济外交与夫学制等等，是为厚黑哲理之应用。"你连书边边都未看见，就去实行，真算胆大。

厚黑学，这门学问，等于学拳术，要学就是学精，否则不如不学，安分守己，还免得挨打。若仅仅学得一两手，甚或拳师的门也拜过，一两手都学得，远远望见有人在学拳术，自己就出手伸脚的打人，乌得不为人痛打。你想：项羽坑降卒二十万，其心可谓黑了，而我的书上，还说他黑字欠了研究，宜其失败。吕后私通审食其，刘邦佯为不知，后人诗曰："果然公大度，容得辟阳侯。"而皮厚到这样，而于厚字还欠研究，韩信求封齐王时，若非他人从旁指点，几乎失败。厚黑学有这样的精深，仅仅听见这个名词，就去实行，我可以说越厚黑越失败。

人问：要如何才不失败？我说你须先把厚黑史观、厚黑哲理、与夫厚黑哲理之应用，彻底了解，出而应事，才可免于失败。兵法："先立于不败之地。"又曰："先为不可胜，

以待敌之可胜。"厚黑学亦如是矣。

孙子曰："战势不过奇正，奇正之变，不可胜穷也。"处世不外厚黑，厚黑之变，不可胜穷也。用兵是奇中有正，正中有奇，奇正相生，如循环之无端。处世是厚中有黑，黑中有厚，厚黑相生，如循环之无端。厚黑学，与孙子十三篇，二而一，一而二。不知兵而用兵，必致兵败国亡。不懂厚黑哲理，而去实行厚黑，必致家破身亡。闻者曰："你这门学问太精深了，还有简单法子没有？"我答曰：有。我定有两条公理，你照着实行，不须研究厚黑史观，和厚黑哲理，也就可以为英雄、为圣贤，如欲得厚黑博士的头衔，仍非把我所有作品，穷年累月的研究不可。

就人格言之，我们可下一公例曰："用厚黑以图谋一己私利，越厚黑，人格越卑污；用厚黑以图谋众人之公利，越厚黑，人格越高尚。"就成败言之，我们可下公例曰："用厚黑以图谋一己私利，越厚黑越失败；用厚黑以图谋众人之公利，越厚黑越成功。"何以故呢？凡人皆以我为本位，为我之心，根于天性，用厚黑以图谋一己之私利，势必妨碍他人之私利，越厚黑则妨害于人者越多，以一人之身，敌千万人之身，焉得不失败；人人既以私利为重，我以厚黑以图谋公利，即是替千万人图谋私利替人行使厚黑，当然得千万人之赞助，当然成功。我是众人中之一分子，众人得私，我当然得利，不言私利而私利自在其中。例如曾胡二人，用厚黑以图国家之公利，其心中无丝毫私利之见存，后来成功了，享大名、膺厚赏，难道私人所得的利还小吗？所以用厚黑以图谋国家之利，成功固得重报，失败亦享大名，无奈目光如豆者，见不及此。从道德方面说：掠夺他人私利，以为我有，是为盗窃行为，故越厚黑人格越卑污。用厚黑以图谋众人之

公利，则是牺牲我的脸、牺牲我的心，以救济世人，视人之饥，犹己之饥；视人之溺，犹己之溺，即所谓"我不入地狱，谁入地狱"，故越厚黑人格越高尚。

人问：世间很多人，用厚黑以图谋私利，居然成功，是何道理？我说这即所谓"时无英雄，遂使竖子成名耳。"与他相敌的人，不外两种：一种是图谋公利而不懂厚黑技术的人，一种是图谋私利而厚黑技术不如他的人，故他能取胜。万一遇着一个图公利之人，厚黑之技术与他相仿，则必败无疑。语云："千夫所指，无疾而死。"因为妨害了千万人之私利，这千万人中只要有一个见着他的破绽，就要乘虚打他。例如史记项王谓汉王曰："天下匈匈数岁者，徒以吾两人耳。"其时的百姓，个个都希望他两人中死去一人，所以项王迷失道，问于田父，田父骗曰左，左乃陷大泽中，至被汉兵追及而死。如果是救民水火之兵，田父方保护之不暇，何至会骗他呢？我们提倡厚黑学救国，这是用厚黑以保卫四万万五千万人之私利，当然得四万万余人之赞助，当然成功。

昔人云："文章报国"，文章非我所知，我所知者，厚黑而已，自今以往，请以厚黑报国。厚黑经曰："我非厚黑之道，不敢陈于国人之前，故众人莫如我爱国也。"叫我不讲厚黑，等于叫孔孟不讲仁义，试问：能乎不能？我自问：生平有功于世道人心者，全在发明厚黑学，抱此绝学而不公之于世，是为怀宝迷邦，岂非不仁之甚乎？李宗吾曰："鄙人之厚黑者也，夫天未欲中国复兴也，如欲中国复兴，当今之世，舍我其谁，吾何为不讲厚黑哉。"

昔人诗云："锄禾日当午，汗滴禾下土，谁知盘中餐，粒粒皆辛苦。"众人都说饭好吃，哪个知道种田人的艰难，众人都说厚黑适用，哪个知道发明人的艰难，我那部厚黑

学，可说字字皆辛苦。

我这门学问，将来一定要成为专科，或许还要设专门大学来研究。我打算把发明之经过，和同我研究的人写出来，后人如仿宋元学案、明儒学案，做一部厚黑学，才寻得出材料。抑或与我建厚黑庙，才有配享人物。

旧友黄敬临，在成都街上遇着我说道：多年不见了，听说你要建厚黑庙，我是十多年以前，就拜了门的，请把我写一段上去，将来也好配享。我说：不必再写，你看论语上的林放，见着孔子，只问了"礼之本"三个字。直到而今，还高坐孔庙中吃冷猪肉，你既有志斯道，即此一席谈话，已足配享而有余。敬临又说：我今年已经六十二岁了，因为钦佩你的学问，不惜拜在门下。我说：难道我的岁数比你小，就够不上与你当先生吗？我把你收列门墙，就是你莫大之幸，将来在你的自撰谱上，写一笔"吾师李宗吾先生"，也就比"前清诰封某某大夫"光荣多了。

往年同县罗伯康，致我信说道："许多人说你讲厚黑学，我逢人辩白，说你不厚不黑。"我复信道："我发明厚黑学。私淑弟子遍天下，谥我曰'厚黑先生'，与我书用以作上款，我复书以作下款，自觉此等称谓，较之文成公、文正公，光荣多矣。俯仰千古，常以自豪。不谓足下乃逢人说我不厚不黑，我果何处开罪足下，而足下乃以此报我耶？呜呼伯康，相知有年，何竟曰甘原坏，尚其留意尊脰，免遭尼山之杖。"近日许多人劝我不必讲厚黑学，嗟呼！滔滔天下，向原坏之多也。

从前发表的厚黑学传习录，是记载我与众人的谈话，此次的丛话，是把传习录扩大之，我从前各种文字，也许外人都未看过，今把他全行拆散来，与现在的新感想，混合写

之。此次的丛话，是随笔体裁，内容包含四种：(1) 厚黑史观。(2) 厚黑哲理。(3) 厚黑学之应用。(4) 厚黑学发明史。我只随意写去，不过未分类罢了。

人问：既是如此，你何不分类写之，何必这样杂乱无章的写？我说：著书的体裁分两种：一是教科书体，一是语录体。凡一种专门学问发生，最初是语录体，如孔子之论语、释迦之佛经、六祖之坛经、宋明诸儒之语录，都是门人就本其师口中所说者，笔记下来。老子手著之道德经，可说是自写的语录，后人研究他们的学问，才整理出来，分出门类，成为教科书方式。厚黑学是发明的专门学问，当然用语录体写出。

宋儒自称："满腔子是恻隐，"而我则"满腔子是厚黑"。要我讲，不知从何讲起，只要随缘说法，想说什么，就说什么，口中如何说，笔就如何写。或谈古事、或谈时局、或谈学术、或追述生平琐事，高兴时就写，不高兴就不写。或长长的写一篇、或短短的写几句，或概括的说、或具体的说，总是随其兴之所至，不受任何拘束，才能把我整个思想写出来。

我们用厚黑史观去看社会，社会就成为透明体，既把社会真相看出，又可想出改良社会的办法，我对于经济政治外交与大学制等等，都有一种主张，而此种主张，皆基于我所谓厚黑哲理。我这个丛话，可说是拉杂极了，仿佛是一个大山，满山的昆虫鸟兽、草木土石等等，是极不规则的，惟其不规则，才是天然的状态。如果把它整理得井然秩序，极有规则，就成为公园的形式，好固然是好，然而掺加了人工，非复此山的本来面目。我把我胸中的见解，好好歹歹和盘托出，使山的全体表现，有志期道者，加以整理，不足者补充

第二部 厚黑丛话

之,冗燕者删削之,错误者改正之,开辟成公园也好,在山上采取木石,另建一个房子也好,抑或捉几个雀儿,采些花草,拿回家中赏玩也好,如能大规模的开采矿物则更好,再不然,在山上挖点药去医病、拣点牛犬粪去肥田,也未尝不好。我发明厚黑学,犹如瓦特发明蒸汽机,后人拿去纺纱织布也好、行驶轮船火车也好、开办任何工业都好。我讲的厚黑哲理,无施不可,深者见深、浅者见浅。有能得我之一体,引而申之,就可独成一派。孔教分许多派,佛教分许多派,将来我这厚黑学教,也要分许多派。

写文字,全是兴趣,兴趣来了,如兔起鹘落,稍纵即逝,我写文字的时候,引用某事,或某种学说,而案头适无此书,就效苏东坡"想当然耳"的办法,依稀恍惚的写去,免打断兴趣。写此类文字,与讲考据不同,乃是心中有一种见解,平空白地,无从说起,只好藉点事物来说,引用某事来说,犹如使用家伙一般,把别人的偶尔借来用用,若无典故可用,就杜撰一个来用,也无不可。

庄子寓言,是他脑中有一种见解,特借鲲鹏野马、渔父盗跖以写之,只求将胸中所见达出,至鲲鹏野马,果否有此物,渔父盗跖,是否有此人,皆非所问。胸中所见者,主人也,鲲鹏野马、渔父盗跖,皆寓舍也。孟子曰:"说诗者不以文害辞,不以辞害意,以意逆志,是为得之。"读诗当如是,读庄子当如是,读厚黑学也当如是。

昔人谓:"文王周公,龚易,象辞爻辞,取其象,亦偶触其机,假令易一日而为之,其机之所触少变,则其辞之取象亦少异矣。"达哉所言!战国策士,如苏秦诸人,平日把人情世故,揣摹纯熟,其游说人主也,随便引一故事,或设一个比喻,机趣横生,头头是道,其途径与庄之寓言、易之

取象无异。宋儒初读儒学，继则出入佛老，精研有得，自己的思想，已经成了一个系统，然后退而注孔子之书，以明其胸中之理，于是孔明诸书，皆成为宋儒之鲲鹏野马、渔父盗跖，而清代考据家，乃据训诂本，字字讥弹之，乃其解释字义固是，而宋儒所学之道理，也未尝不是，九方皋相马，在牝牧骊黄之外，知此义者，始可读朱子之四书集注，无如毛西河诸人不悟，刺刺不休。嗟呼厚黑界中，九方皋何其少，而毛西河诸人何其多也。

研究宋学者，离不得宋儒语录。然语录出自门人所记，有许多靠不住，前人已言之。明朝王学，号称极盛，然阳明手著之书无多，欲求王氏之学，只有求之传习录，及求之诸子所记，而天泉证道一夕话，为王门极大争点。我曾说："四有四无"之说，假使阳明能够亲手写出，岂不少去许多纠葛。大学"格物致知"四字，解释者有几十种说法。假使曾子当日，记孔子之言，于此四字下，加一二句解释，不但这几十种说法不会有，而且朱学王学争执，也无自而起。

我在重庆，有个姓王的朋友，对我说道："你先生谈话，很有妙趣，我改天邀几个朋友来谈谈，把你的话，笔记下来。"我听了，大骇，这样一来，岂不成了宋明诸儒的语录吗？万一我们下出一个曾子，摹仿大学那种笔法，简简单单写出，将来厚黑学案中，岂不又要发生许多争执吗？于是我赶急仿照我家"脯大公"的办法，手写语录，名曰厚黑丛话，谢绝私人谈话，以示大道无私之意。将来如有人说："我亲闻厚黑教主如何说"，你们万不可听信。经我这样的声明，绝不会再有天泉证道这种疑案了。我每谈一理，总是反反复复的解说，宁肯重复，不肯简略，后人再不会像"格物致知"四字，生出许多奇异的解释。鄙人之于厚黑学也，可

谓尽心焉耳矣。噫！一衣一钵，传之者谁乎！

有人问道："你这丛话，你说内容包括：厚黑史观、厚黑哲理、厚黑学之应用、及厚黑学发明史几部分，你不把它分类写出，则研究这门学问的人，岂不目迷五色吗？岂不是故意使他们多费些精神吗？"我说："要想研究这门学问的人，当然要专心研究，中国的十三经和廿四史，泛泛读去，岂不是目迷五色，纷乱无章吗？而真正之学者，就从纷乱无章之中，寻出头绪来。如果惮于用心，就不必操这门学问，我只揭出原则和大纲，有志斯道者，第一步加以阐发，第二步加以编纂，使之成为教科书，此道就大行了。所以分门别类，挨一挨二的讲，乃是门弟子和私淑弟子的任务，不是我的任务。"

我心中有种种见解，不知究竟对与不对，特写出来，请阅者指驳，指驳越严，我越是欢迎，我重在解释我心中的疑团，并不是想独创异说。诸君有指驳的文字，是在报上发表，我总是细细地研究，认为指驳得对的，自己修改了即是，认为不对，我也不回辩，免至成为打笔墨官司，有失研究学问的态度。我是主张思想独立的人，我的心坎上，绝不受任何人的压制，同时我也尊重他人思想之独立，所以驳诘我的文字，不能回辩。我倡的厚黑史观和厚黑哲理，倘被人推翻，我就把这厚黑教主，让他充当，拜在他门下称弟子，何以故？服从真理故。

宇宙真理，明明的摆在我们面前，我们自己可以直接去研究，无须请人替我们研究。古今的哲学家，乃是我和真理的介绍人，他们所介绍的，中间错误，不可得知，应该离开了他们的说法，直接去研究一番。有个朋友，读了我所作的文字，说道："这些问题，东西洋哲学家，讨论的很多，未

见你引用,并且学术上的专名词,你也少用,可见你平时对于这些学说,少有研究。"我听了这些话,反把我所作的文字翻出来,凡引有哲学家的名字,及学术上的专名词,尽量删去。如果名词不够用,就自己造一个来用,直抒胸臆,一空依傍。偶尔引有古今人的学说,乃是用我的斗秤,去衡量他的学说,不是以他的斗秤,来衡量我的学说。换言之,乃是我去审判古今哲学家,不是古今哲学家来审判我。

中国从前的读书人,开口即是诗云书云、孔子曰、孟子曰。戊戌政变以后,一开口即是达尔文曰、卢梭曰,后来又添些杜威曰、罗素曰,纯是以他人的思想为思想,究竟宇宙真理是怎样,自己也不伸头去窥一下,未免过于懒惰了,假如驳我的人,引用了一句孔子曰,即是以孔子为审判官,以四书五经为新刑律,叫李宗吾来案候审。引用了一句达尔文诸人曰,即是以达尔文诸人为审判官,以他们的作品为新刑律,叫李宗吾来案候审。像这样的审判,我是绝对不到案的。有人问:"要谁才能审判你呢?"我说:"你就可以审判我,以你自家的心为审判官,以眼前的事实为新刑律。"例如说道:"李宗吾,据你这样说,何以我昨日看见一个人做的事不是这样?今日看见一只狗,也不是这样?可见你说的道理不确实。"如果能够这样地判断,我任是输到何种地步,都要与你立一个铁面无私的德政碑。

牛顿和爱因斯坦学说,任人怀疑,任人攻击,未曾强人信徒,结果反无人不信徒。注太上感应篇的人说道:"有人不信此书,必受种种恶报。"关圣帝君的觉世真经说道:"不信吾教,请试吾刀。"这是由于这两部书所含学理,经不得研究,无可奈何,才出于威吓之一途。我在厚黑界的位置,等于科学界的牛顿和爱因斯坦,假如不许人怀疑,不许人攻

击,即无异于说:我发明的厚黑学,等于太上老君的感应篇,和关圣帝的觉世真经,岂不是我自己诋毁自己吗?

有人说:假如人人思想独立,各创一种学说,思想界才不成纷乱状态吗?我说:这不会有的,世间的真理,只有一个,如果有两种或数种学说,互相违反,你也不必抑制一种,只叫他彻底研究下去,自然会把真理发现出来,真理所在,任何人都不能反对的。例如穿衣吃饭的事,吃,人人独立地研究,得的结果,都是饿了要吃,冷了要穿,同归一致。凡所谓冲突者,都是互相抑制生出来的。假如各种学说,个个独立,犹如林中树子,根根独立,有何冲突?树子生在林中,采用与否,听凭匠师,我把我的说法,宣布出来,采用与否,听凭众人,哪有闲心,同人打笔墨官司。如果务必要强天下之人,尽从己说,真可谓自寻烦恼,而冲突于是乎起矣。程伊川、苏东坡,见不及此,以致洛蜀分党,把宋朝的政局,闹得稀烂;朱元晦、陆象山,见不及此,以致朱陆两派,一部宋元学案,明儒学案,打不完的笔墨官司。而我则不然,读者要学厚黑学,我自然不吝教,如其反对我,则是甘于自误,我也就只好付之一叹。

拙著《宗吾臆谈》,流传至北平,去岁有人把厚黑学抽出翻印,向舍侄征求同意,并说道:"你家伯父,是八股出身,而今凡事都谈欧化,他老人家那套笔墨,实在不合时,等我们与他改过,意思不变更他的,只改为新式笔法就是了。"我闻之,立发航信说道:"孔子手著的春秋,旁人可改一字吗?他们只知我笔墨象八股,殊不知我那部厚黑学,思想之途径、内容之组织,完全是八股的方式。特非考于八股者,看不出来。宋朝一代讲理学,出了文天祥陆秀夫诸人来结局,一般人都说可为理学生色。明清两代以八股取士,出

了一个厚黑教主来结局,可为八股生色。我的厚黑哲理,完全从八股中出来,算是真正的国粹。我还希望保存国粹的先生,由厚黑学而上溯八股,仅仅笔墨上带八股气,你们都容不过吗?要翻印,就照原文一字不改,否则不必翻印。"那知后来书印出来,还是与我改了些,特此声明,北平出版的厚黑学,是赝本,以免贻误后学。

大凡有种专门学问,就有一种专门文体,所以论语之文体,与春秋不同。老子之文体,与论语不同。佛经之文体,与老子又不同。在心为思想,在纸为文字,专门学问之发明者,其思想与人不同,故其文字也与人不同,厚黑学是专门学问,当然另有一种文体。闻者说道:"李宗吾不要自夸!你那种文字,任何人都写得出来。"我说:"不错!不错!这是由于我的厚黑学,任何人都做得出来的缘故。"

我写文字,定下三个要件:"见得到、写得出、看得懂。"只求舍得到这三个要件就够了。我执笔时,只把我胸中的意见写出,我不知文法,更不知有文言白话之分,之字的字,乎字吗字,任便用之。民国十六年刊的《宗吾臆谈》,十八年刊的《社会问题之商榷》,就是这样。有人问我:"是什么文体?"我说:"是厚黑式的文体。"近年许多名人的文字,都带点厚黑式,意者中国其将兴乎!

有人说:"我替你把厚黑学,译为西洋文,你可把曹操刘备这些典故改为西洋典故,外国人才看得懂。"我说:"我的厚黑学,绝不能译为西洋文,也不能改为西洋典故,西洋人要学这门学问,非来读一下中国书,研究一下中国历史不可。等于我国要学西洋科学,非学英文德文不可。"

北平赝本厚黑学,有几处我的八股式的笔调,改为欧化式笔调,倒也无关紧要,只是有两点,把原文精神失常,不

第二部 厚黑丛话

得不声明：

（一）我发明厚黑学，是把中外古今的事，逐一印证过，觉得道理不错了，才就人人所知的曹操刘备孙权几个人，举以为例。又追溯上去，再举刘邦项羽为例，意在使读者，举一反三，根据三国和楚汉两代的原则，以贯通一部廿四史。原文有曰："楚汉之际，有一人焉，厚而不黑，卒归于败者，韩信是也。……楚汉之际，有一人焉，黑而不厚，亦归败者，范增是也。……"这原就是楚汉人物，当下指点，更觉亲切。北平赝本，把这几句删去，径说韩信以不黑失败，范增以不厚失败。诸君试想：一部廿四史中的人物在而不厚黑不失败者，岂少也哉！鄙人何致独举韩范二人。北平赝本，未免把我的本意失掉了。

(二)厚黑传习录中,求官六字真言,先总写一笔曰:"空、贡、冲、捧、恐、送。"注明此六字俱是仄声。做官六字真言,总写一笔曰:"空、恭、捧、凶、聋、弄。"注明此六字俱是平声,以下逐字分疏。每六字俱有叠韵,念起来音韵铿锵,原欲宦场中人,朝夕持诵,用以代替佛书上唵嘛呢叭吽哞六字,所谓南无阿弥陀佛六字。倘能虔诚持诵,立可到极乐世界。不比持诵经咒成佛号,尚须待诸来世。这原是我一种救世苦心,北平赝本,把总写之笔删去,径从逐字分疏说起,则读者只知逐字埋头下工夫,不能把六字作咒语或佛号,虔诚讽诵,收效必微,此则北平赝本不能不负咎者也。

吾道分三步工夫:第一步,厚如城墙、黑如煤炭;第二步,厚而硬、黑而亮;第三步,厚而无形、黑而无色。这三步工夫,也可说是上中下三乘。第一步是下乘、第二步是中乘、第三步是上乘。我随缘说法,时而说下乘,时而说中乘上乘,时而三乘会通来说,听者往往觉得我的话互相矛盾,其实始终是一贯的,只要知道吾道分上中下三乘,自然就不矛盾了。我讲厚黑学,虽是五花八门,东拉西扯,仍滴滴历源,犹如树上十枝万叶,千花百果,俱是从一树上生出来的,枝叶花果之外,别有树之生命在。金刚经曰:"若以色见我,若以声音求我,是人行邪道,不能见如来。"诸君如学厚黑学,须在佛门中,参悟有得,再来听讲。

我民国元年发表厚黑学,勤勤恳恳,言之不厌其详,乃领悟者殊少,后阅五灯会元,及论孟等书,见宗教人,以点破为大戒,孔子"举一隅,不以三隅反,则不复也。"孟子"隐而不发,跃如也。"然后知禅学及孔孟之说盛行,良非无因,我自悔教授法错误,故十六年刊《宗吾臆谈》,厚黑学

第二部 厚黑丛话

第1步 厚如城墙、黑如煤炭

第2步 厚而硬、黑而亮

第3步 厚而无形 黑而无色

仅略载大意。出言弥简，属望弥殷。噫！"无上甚深微妙法，百千万劫难遭遇。"世尊说法四十九年，厚黑学是内圣外王之学，我已说廿四年，打算再说廿六年，凑足五十年，比世尊多说一年。

有人劝我道："你的怪话少说些，外面许多人指责你，你也应该爱惜名誉。"我道：我有一自警之语："吾爱名誉，吾尤爱真理。"话之说得说不得，我内断于心，未下笔之先，迟回审慎。既著于纸，听人攻击，我不答辩。但攻击者说的话，我仍细细体会，如能令我心折，即自行修正。

中国幅员广大，南北气候不同，物产不同，因之人民的性质也就不同。于是文化学术，无在不有南北之分。例如：北有孔孟、南有老庄，两派截然不同；曲分南曲北曲；字分南方之帖、北方之碑；拳术分南北两派；禅宗亦分南能北秀，等等皆是。厚黑学是一种大学问，当然也要分南北两派。门人问厚黑，宗吾曰：死而不顾，北方之厚黑也，卖国军人居之。革命以后，不循轨道，南方之厚黑也，投机分子居多。人问：究竟学南派好，还是学北派好？我说：你何糊涂乃尔？当讲南派，就讲南派；当讲北派，就讲北派。口南派而实北派，是可以的，口北派而实行南派，也是可以的，纯是相时而动。岂能把南北成见，横互胸中？民国以来的人物，有由南而北的，有由北而南的，又复南而北，北而南。返往来回，已不知若干次，你还徘徊歧路，向人问南派好吗？北派好吗？我实在无从答复。

世间许多学问我不讲，偏要讲厚黑学，许多人都很诧异，我可把原委说明：我本来是孔子信徒，小的时候，父亲与我命的名，我嫌他不好，且礼记上，孔子说："儒有今天与居，古人与楷，今世行了，后世以为楷。"就自己改名世

第二部　厚黑丛话

楷，字宗儒，表示信徒孔子之意。光绪癸卯年冬，四川高地学堂开堂，我从自流井赴成都，与友人雷聋皆同路，每日步行百里，途中无事，纵谈时局，并寻些经史来讨论，聋皆有他的感想，就改字铁崖。我觉得儒教不能满我之意，心想与其宗孔子，不如宗我自己，因改字宗吾。这宗吾二字，是我思想独立之旗帜，今年岁在乙亥，不觉已整整的三十二年了，自从改字宗吾后，读一切经史，觉得破绽百分，是为发明厚黑之起点。

及至高等学堂，第一次上讲堂，日本教习池永先生演说过："操学问，全靠自己，不能靠教师。教育二字，在英为'Education'，照字义是'引出'之意。世间一切学问，俱是我脑中所固有，教师不过'引之使出'而已。并不是拿一种学问来，按入学生脑筋内。如果学问是教师与学生的，则是等于此桶水，倾入彼桶，只有越倾越少的，学生只有不如先生的，而学生每每有胜过先生的，即是由于学问是各人脑中固有的原故，脑如一个囊，中贮许多物，教师把囊口打开，学生自己伸手去取就是了。"他这种演说，恰与宗吾二字冥合，于我印象很深，觉得这种说法，比朱子所说"学之为言效也"，精深得多。后来我学英文，把字根一查，果然不错。池永先生这个演说，于我发明厚黑学，有很大的影响。我近来读报章，看见日本二字，就刺眼，凡是日本人的名字，都觉得讨厌，独有池永先生，我始终是敬佩的，他那种和蔼可亲的样子，至今还常在我脑中。

我在学堂时，把教习口授的，写在一个副本上，书面"固囊"这二字，许多同学不解，问我：是何意义？我说：并无意义，是随便写的。这固囊二字，我自己不说明，恐怕后来的考古家，考过一百年，也考不出来。"固囊者，脑是

一个囊,副本上所写,皆囊中固有之物。"题此二字,聊当座右铭。

池永先生教理化数学,开始即讲水素酸素,我就用"引而出之"的法子:在脑中搜索,走路吃饭睡觉都在想,看还可以引出点新鲜的东西否,以后凡遇他先生所讲的,我都这样的工作,哪知此种工作,真是等于王阳明之格竹子,干了许久许久,毫无所得。于是废然思返,长叹一声道:"今生已过也,再结后生缘。"我从前被八股束缚久了,一听见废科举,兴学堂,欢喜极了,把家中所有四书五经,与夫诗文集等等,一火而焚之,及在学堂内,住了许久,大失所望。有一次,星期日,在成都学道街,买了一部庄子,雷民心见了诧异道:"你买这些东西来做什么?"我说:"雷民心,科学这门东西,你我今生还有希望吗?它是茫茫大海,就是自己心中,想出许多道理,也得器械来试验,还不是等于空想罢了。在学堂中,充其量不过在书本上得点人云亦云的知识,有何益处,只好等儿子儿孙,再来研究,你我今生算了。因此我打算仍在中国古书寻一条路来走。"他听了这话,也同声叹息。

我在高等学堂的时候,许多同乡同学的朋友,都加入同盟会,有个朋友,名叫张列五,曾对我说:"将来我们的事,定要派你带一支兵。"我听了非常高兴,心想古来当英雄豪杰,必定有个秘诀,因把历史上的事,汇集拢来,用归纳法,搜求它的秘诀,经过许久,茫无所得。宣统二年,我当富顺中学堂监督(其时校长名曰监督),有一夜,睡在监督室中,偶想到曹操刘备孙权几个人,不禁捶床而起曰:"得之矣!得之矣!古之所谓英雄豪杰者,不外面厚心黑而已!"触类旁通,头头是道,一部廿四史,都可一以贯之。那一

第二部 厚黑丛话

夜,我终夜不寐,心中非常愉快,俨然像王阳明在宠场弹大彻大悟,发明格物致知之理之样。

我把厚黑学发明了,自己远不知道这个道理对与不对,我同乡同学中,讲到办事才,以王简恒为第一。雷民心当呼之为"大办事家"。适逢简恒进富顺城来,我就把发明的道理,说与他听,请他批评,他听罢,说道:"李宗吾,你说的道理,一点不错。但我要忠告你,这些话,切不可拿在口头说,更不可见诸文字,你尽管照你发明的道理,埋头做去,包你干许多事,成一个伟大人物。你如果在口头或文字上发表了,不但终身一事无成,反有种种不利。"我不听良友之言,竟自把它发表了,结果不出简恒所料。诸君!诸君!一面购厚黑学,一面须切记简恒箴言。

我从前意气甚豪,自从发明了厚黑学,就心灰意冷,再不想当英雄豪杰了。跟着我又发明求官六字真言、做官六字真言及办事二妙法。这些都是民国元年的文字。反正后来许多朋友,见我这样颓废样子,与从前大异,很为诧异,我自己也莫名其妙,假使我不讲厚黑学,埋头做去,我的世界,或许不像现在这个样子,不知是厚黑学误我,还是我误厚黑学。

厚黑学一书,有人读了,慨然兴叹,因此少出了许多英雄豪杰。有些人读了,奋然兴起,因此又多出了许多英雄豪杰。我发明厚黑学,究竟为功为罪?只好付诸五殿阎罗裁判。

发明厚黑学的时候,念及简恒之言,迟疑了许久,后来想到朱咤竹所说:"宁不食尔豕肩,风怀一诗,断不能删。"奋然道:"英雄豪杰可以不当,这篇文字,不能不发表。"就毅然决然,提笔写去,而我之英雄豪杰的希望,从此就断送

了,读者只知厚黑适用,哪知我是牺牲一个英雄豪杰,调换来的,其代价不为不大。

其实朱咤竹删去风怀一诗,也未必能食尔豕肩,我把厚黑学秘为独得之奇,也未必能为英雄豪杰,于何征之呢?即以王简恒而论,其于吾道算是独有会心,以他那样的才具,宜乎有所成就,而孰知不然。反正,他到成都,张列五委他某县知事,他不干,回到自流井。民国三年,讨袁之后,熊杨在重庆独立,富顺响应,自流井推简恒为行政长,事败,富顺廖秋华、郭集成、刁广乎,被捕到泸州,廖被大辟。郭刁破家得免,简恒东躲西藏,昼伏夜行,受了雨淋,得病,缠绵至次年死,身后非常萧条,以简恒之才具之会心,还是这应得的结果,所以读我厚黑学的人,切不可自命为得了发明人的指点,即便自满。

民国元年,我到成都住童子街公论日报社内,与廖绪初、射缓青、杨仔耘诸人同住,他们再怂恿我,把厚黑学写出来,绪初并说道:"如果写出来我与你作一序。"我想:"绪初是讲程朱学的人,绳趋短步,朋辈呼之为'廖大圣人',他都说可以发表,当然可以发表。"我就逐日写去。我用的别号,是独尊二字,取"天上地下,唯我独尊"之意,绪初用淡然的别号,作一序曰:"吾友独尊先生,发明厚黑学,成书三卷,上卷厚黑学、中卷厚黑经、下卷厚黑传习录,嬉笑怒骂,亦云苟矣,然考之中外古今,与夫当世大人先生,举莫能外,诚宇宙至文哉!世欲业斯学,而不得门径者,当不乏人,特劝先生登诸报端,以饷后学,他日刊为单行本,普渡众生,同登彼岸,质之独尊,以为何如。民国元年,月日,淡然。"哪知一发表出来,读者哗然。说也奇怪,我与绪初同是用别号,乃廖大圣人之称谓,依然如故,我则

第二部 厚黑丛话

博得李厚黑的徽号。

绪初办事,富有毅力,毁誉在所不计。民国八年,他当省长公署教育科科长,其时校长县视学(县视学即后来之教育局长)任免之权,操诸教育科。杨省长对于绪初,倚畀甚殷,绪初登呈任免之人,无不照准;有时省长下条子,任免某人,绪初认为不当者,将原条退还,杨省长不以为忤,而信任益坚。最奇的,其时我当副科长,凡是得了好处的人,都称颂曰:"此廖大圣人之赐也";如有倒甑子的、被记过的、要求不遂的、预算被核减的,往往对人说道:"是李厚黑干的",成了个"善则归廖绪初,恶则归李宗吾。"绪初今虽死,旧日教育科的同事诸人,如侯克明、黄治畋、杜小咸等尚在。请他们当着天说,究竟这些事是不是我干的?究竟绪初办事,能不能受旁人支配?我今日说这话,并不是卸责于死友,乃是举出我经过的事实,证明简恒的话,是天经地义:"厚黑学三字,断不可拿在口中讲。"我厚爱读者诸君,故敢掬诚相告。

未必绪初把得罪人之事,向我推卸吗?则又不然,有人向他说及我,绪初即说道:"某某事是我干的,某人怪李宗吾,你可叫某人来,我当面对他说,与宗吾无关。"无奈绪初越是解释,众人越是说绪初是圣人,李宗吾干的事,他还要代他受过,非圣人而何?李宗吾能使绪初这样做,非大厚黑而何?雷民心曰:"厚黑学做得说不得。"真是绝世名言哉!后来我也挣得圣人的徽号,不过圣人之上,冠有厚黑二字罢了。

圣人也,厚黑也,二而一,一而二也。庄子说:"圣人不死,大盗不止。"圣人与大盗的真相,庄子是看清楚了的。跖之徒问于跖曰:"盗有道乎?"跖曰:"其有道也,夫妄想

意关内中藏,圣也,入先,勇也,出后,义也,知时,智也,分均,仁也,不通此五者,而能成大盗者,天下无人。"圣勇义智仁五者,本是圣人所做的,跖能穷用之,就成为大盗。反过来说,厚黑二字,本是大奸大诈所做的,人能善用之,就可穷大圣大贤。试举例言之:胡林翼曾说:"只要于公家有利,就是顽钝无耻的事,我都要干。"又说:"办事要包揽把持。"所谓顽钝无耻也,包揽把持也,岂非厚黑家所用的技术吗?林翼能善用之,就成为名臣了。

王简恒和廖绪初,都是我很佩服的人,绪初办旅省叙属中学堂,和当省议会议员,只知为公二字什么气都受得,有点像胡林翼之顽钝无耻;简恒办事,独行独断,有点像胡林翼之包揽把持。有天我当他二人说道:"绪初得了厚字诀,简恒得了黑字诀,可称吾党徒者。"历引其事以证之。二人欣然道:"照这样说来,我二人可谓各得圣人之一体了。"我说道:"百年后有人与我建厚黑庙,你二人都是有配享希望的。"

民国元年,我在成都公论日报社内写厚黑学,有天绪初到我室中,见案上写有一段文字:"楚汉之际,有一人焉,厚而不黑,卒归于败者,韩信是也。胯下之辱,信能忍之,面之厚可谓至矣。"朋辈子资质偏于厚字者甚多,而以绪初为第一。够得上讲黑字者,只有简恒一人。近日常常有人说:"你叫我面皮厚,我还做得来,叫我黑,我实在做不来,宜乎我做事不成功。"我说:"就怕你厚得不彻底了,无往而不成功。你看绪初之厚,居然把简恒之黑打败。世间资质偏于厚字的人,万不可自暴自弃。"

相传凡人的颈子上,都有一条刀路,刽子手杀人,顺着刀路砍去,二刀就脑壳砍下。所以刽子手无事时,同人对坐

第二部 厚黑丛话

闲谈,他就要留心看你颈子上的刀路。我发明厚黑学之初,遇事研究,把我往来的朋友,作为实验品,用刽子手看刀路的方法,很发现些重要学理。滔滔天下,无在非厚黑中人,诸君与朋辈往还之际,本我所说的法子去研究,包管生出无限趣味,比读四书五经廿五史受的益更多。老子曰:"邦之利器,不可以示人。"老夫耄矣,无志用世矣,否则这些法子,我是不能传授人的。

厚黑学 HOU HEI XUE

我遇着人在我名下行使厚黑学。叨叨絮絮，说个不休。我睁着眼睛看着他，一言不发，他忽脸一红，叹一声笑道："实在不瞒你先生，当学生的，实在没法子，只有在老师名下，行使点厚黑学。"我说道："可以！可以！我成全你就是了！"语云："内行不发货。"奸商最会欺骗人，独在同业前不敢卖假货。我苦口婆心，劝人研究厚黑学，意在使大家都变成内行。假如有人要使点厚黑学，硬是说明了来干，施者受者，大家心理安顺。

果从蒯通之说，其贵诚不可言，独奈何惓惓解衣推食之私情，贸然曰："衣人之衣者，怀人之忧，食人之食者，死人之事。卒至长乐钟室，身首异处；夷及之族，谓非咎由自取哉。楚汉之际，有一人焉，黑而不厚，亦归于败者，范增是也。……"绪初把我的稿子读一遍，转来把韩信这一段，反复读之，嘿然无语，长叹一声而去。我心想道：这把奇了，韩信厚有余而黑不足，范增黑有余而厚不足，我原是二者对举，他怎么独有契于韩信这一段？我下细思之，才知绪初正是厚有余而黑不足的人，他是圣德天子，叫他忍气，是做得来，叫他做狠心的事，他做不来。患寒病的人，吃着滚水很舒服，患热病的人，吃着冷水很舒服，绪初所缺乏者，正是一黑字，韩信一段，是他对症良药，故不知不觉，深有感触。

光绪三十三年丁未，下期，我在高等学堂毕业，次年当富顺中学教习，简恒当监督，下期县立高小校长姜选臣因事辞职，县令王炎，备文请简恒兼任，绪初适任富顺县视学。有天简恒笑向我说道："我近日穷得要当衣服了，高小校校长的薪水，我很想支来用，照公事说，是不生问题，像富顺这一类人，要攻击我，我倒毫不睬他，最怕的是廖圣人酸溜

第二部 厚黑丛话

溜说道：'这笔款似乎可以不支吧！'你叫我脸放在何处，只好仍当衣服算了"。我曾对人说："此虽偶尔谈笑，而绪初之令人敬畏，简恒之勇于克己，足见一斑。"后来我发明了厚黑，才知简恒这个谈话，是厚黑学上最重要的公案，我曾同雷民心批评。

我把厚黑学发明过后，凡人情冷暖，与夫一切恩怨，我都坦然置之。有人对我说："某人对你不起，他如何如何。"我说："我这个朋友，他当然这样做，如果他不这样做，我的厚黑学还讲得过吗？我所发明的是人类大原则，我这个朋友，当然不能逃出这个原则。"

辛亥十月，张列五在重庆独立，任蜀军政府都督，成渝合并，任四川府都督，嗣改民政长。他设一个审计院，拟任绪初为院长，绪初再三推辞，乃以严仲锡为院长，绪初为次长，我为第三科科长，其时民国初成，我以为事事革新，应该有一个新学说出现，乃把我发明的厚黑学发表出来，及我当了科长，一般人都说："厚黑学果然适用，你看李宗吾公然做起科长来了。"相好的朋友，劝我不必再登，我就停止不登，于是众人又说道："你看李宗吾，一做了科长，厚黑学就不登了。"我气不过，向众人说道："你们只羡我做官，须知奔走官场，是有秘诀的。"我的发明求官六字真言、做官六字真言，每遇着相好的朋友，就尽心指授，无奈那些朋友，资质太钝，拿来运用不灵，一个个官运都不亨通，反是旁观窃听的和间接得闻的，倒还很出些人才。

在审设院时，绪初寝室，与我相连，有一日下半天，听见绪初在室内，拍桌大骂，声震屋瓦，我出室来看，见某仓皇奔出，绪初追而骂之："你这个狗东西！混账！……"直追至大门而止。（此君在绪初办旅省叙属中学时，曾当教职

员)。绪初转来,看是我,随我入室中坐下,气忿忿道:"某人,真正岂有此理!"我问何事?绪初道:"他初向我说,某人可当知事,请我向列五介绍,我唯唯否否应之。他说:'事如成了,愿送先生四百银子。'我在桌上一巴掌说道:'胡说,这些话都可拿来向我说吗?'他站起来就走,说道:'算了!算了!不说算了。'我气他不过追去骂一顿。"我说:"你不替他说就是了,何必为此气甚。"绪初道:"这种人,你不伤他的脸,将来不时还要干些什么事,我非对列五说不可,免得用这种人出去害人。"此虽寻常小事,在厚黑学上,却含有甚深的哲理。我批评绪初"厚有余而黑不足,叫他忍气是做得来,叫他做狠心的事做不来。"何以此事忍不得气?其对待某君,未免太狠,竟自侵入黑字范围,这是什么道理呢?我反复研究,就发现一条公例。公例是什么呢?厚黑二者,是一物体之两方面,凡黑到极点者,未有不能厚,厚有极点者,未有不能黑。举例言之:曹操之心至黑,而陈琳作檄,居然容他得过,未尝不能厚。刘备之面至厚,璋推诚相待,忽然举兵灭之,则未尝不能黑。我们辈中讲到厚字既公推绪初为第一,所以他逃不出这个公例。

古人云:"夫道一而已矣。"厚黑二者,根本上是互相贯通,厚字翻过来,即是黑;黑字翻过来,即是厚。从前有个权臣,得罪出亡,从者说道:"某人是公之故人,他平日对你十分要好,何不去投他?"答道:"此人对我果然很好。我好音,他就送我以鸣琴,我好珮,他就送我以玉环,他平日既见好于我,今日必以我见好于人,如去见他,必定缚我以献于君。"果然此人从后追来,把随从的人,捉了几个去请赏,这就是厚脸皮,变而为黑心子的明证。人问:"世间有黑心子,变而为厚脸皮的没有?"我答道:"有!有聊斋上

第二部 厚黑丛话

马介甫那一段,所说的那位太太,她是由黑心子一变而为厚脸皮。"

绪初辱骂某君一事,询之他人,迄未听见说过,除我一人而外,无人知之,后来同他相处十多年,也未听他重提。我常说:"绪初辱骂某君,是见其人刚正,虽暗室中,亦不可干以私,事后绝口不提,隐人之恶,又见其盛德。"但此种批评,是站在儒家立场来说,若从厚黑哲学上研究,又可得出一条公例:"黑字专长的人,黑者其常,厚者其暂。厚字专长的人,厚者常,黑者其暂。"绪初是厚字专长的人,其以黑字对付某君,是暂时的现象,事过之后,又回复到厚字常轨,所以此后十多年,隐而不言。我和他做了此等狠心事,必定于心不安,故此后见面,不便向他重提此事。他办叙属学堂的时候,业师王某,来校当学生,因事犯规,绪初悬牌把他斥退,后来我曾提起此事,他道:"这件事我很痛心。"这都是做了狠心的事,要恢复常轨的明证。因知他辱骂某君,一定很疚心,所以不便向他重提。

厚黑学 HOU HEI XUE

绪初已经死了十几年，生平品行，梓然无疵，凡是他的朋友和学生，至今谈及，无不钦佩。去岁我做一篇《廖张轶事》，叙述绪初列五二人事迹，曾登诸华西日报，绪初是国民党的忠实信徒，就是异党人，只能说他党见太深，对于他的私德，仍称道不止。我那篇廖张轶事，曾列举其事，将来我这厚黑丛话写完了，莫得说的时候，再把他写出来，充塞篇幅。一般人呼绪初为廖大圣人，我看他，得力全在一个厚字。我曾说："用厚黑学以图谋公利，越厚黑人格越高尚。"绪初人格之高尚，是我们朋辈公认的，他的朋友和学生存者甚多，可证明我的话不错，即可证明我定的公例不错。

世间的事，有知难行易的，有知易行难的。惟有厚黑学最特别，知也难，行也难。此道之玄妙，等于修仙悟道的口诀，古来原是秘密传授，黄古老人，因张良有仙骨，半夜三更传授，张良言下顿悟，老人以王者师期之，无奈这门学问太精深了，所以史记上说："良为他人言，皆不省，独沛公善之，良叹曰：沛公殆天可授也。"见这门学问，不但明师难遇，就是遇着了，也难以领悟。苏东坡曰："项羽百战百胜，而轻用其铭，高帝忍之，养其锋而待其弊，此子房教之也。"衣钵真传，彰彰可考。我打算做一部《厚黑学师承记》说明授受渊源，使人知道这门学问，要黄石公这类人，才能传授，要张良刘邦这类人，才能领悟。我近倡厚黑救国之说，许多人说我不通，这也无怪其然，是之谓知难。

刘邦能够分杯羹，能够推孝惠鲁元下车，其心之黑还了得吗？独至韩信求封假齐王，他忍不得气，怒而大骂，若非张良从旁指点，几乎误事。勾践入吴，身为臣，妻为妾，其面之厚，还了得吗？沼吴之役，夫差入痛哭求情，勾践心中不忍，意欲允之，全亏范蠡悍然不愿，才把夫差置之死地。

第二部 厚黑丛话

以刘邦勾践这类人，事到临头，还须军师临场指挥督率，才能成功，是谓之行难。

苏东坡的留侯论，全篇是以一个厚字立柱。他文集中，论及沼吴之役，深以范蠡的办法为然，他这篇文字，是以一个黑字立柱。诸君试取此二文，细细研读，当知鄙人不谬。人称东坡为坡仙，他是天上神仙下凡，才能揭出此种妙谛。诸君今日，听我讲说，可谓有仙缘噫，外患追矣，来日大难，老夫其为黄石老人乎，愿诸君以张子房自命。

有人读厚黑经，读至"盖欲学者于此，反求诸身而自得之，以去夫外诱之仁爱，而充其本然之厚黑。"发生疑问道："李宗吾，你这话恐说错了。孟子曰：'仁义礼智，非由外铄我也，我固有之也。'可见仁义是本然的。你怎么把厚黑说成本然，把仁义说成外诱？"我说："我倒没有错，只怕孟子错了。"孟子说："孩提之童，无不知爱其亲也，及其长也，无不知敬其兄也。"他这个话，究竟对不对，我们要实地试验，就叫孟子的夫人，把他亲生小孩抱出来，由我当着孟子试验，母亲抱着小孩吃饭，小孩伸手来拖，如不提防，碗就会落地打烂。请问孟子，这种现象，是不是爱亲？母亲手中拿一块糕饼，小孩伸出手来索，母亲不给他，放在自己口中，小孩就会伸手，从母亲口中取出，放在他口中。请问孟子，这种现象，是不是亲爱？小孩在母亲怀中，食乳、食糕饼，哥哥走近前，他就要用手推他打他。请问孟子，这种现象，是不是敬兄？只要全世界寻得一个小孩，没得这种现象，我的厚黑学，立即不讲，既是全世界的小孩，无一不然，可见厚黑是天性中固有之物，我的厚黑，当然成立。

孟子说："人之所不学而能者，其良能也；所不虑而知者，其良知也。"小孩见母亲口中有糕饼，就伸手去夺，在

母亲怀中食乳食糕饼,哥哥近前,就推他打他,都是不学而能,不虑而知,依孟子所下的定义,都该为良知良能。孟子教人把良知良能,扩而充之,现在许多官吏刮取人民的金钱,即是把小孩时,夺取母亲口中糕饼,那种良知良能,扩充出来。许多志士,对于忠实同志,排挤倾轧,无所不用其极,即是把小孩食乳食糕饼时,推哥哥、打哥哥,那种良知良能扩充出来的。孟子曰:"大人者不失其赤子之心者也。"现在的伟大,小孩那种心理,丝毫没有失掉,可见中国闹到这么糟,完全是孟子的信徒干的,不是我的信徒干的。

我民国元年,发表厚黑学,指定曹操刘备孙权刘邦几个人为模范人物。迄今廿四年,并没一人学到。假令有一个像刘备,过去的四川,何至成为魔窟?有一人像孙权,过去的宁粤,何至会有裂痕?有一人像曹操,伪满会独立吗?有一人像刘邦,中国会四分五裂吗?吾尝曰:"刘邦不得而见之矣,得见曹操斯可矣,曹操吾不得而之矣,得见刘备孙权可矣。"所以说中国闹得这么糟,不是我信徒干的。

汉高祖分杯羹,是把小孩夺母亲口中糕饼,那种良知良能扩充出来的。唐太宗杀建成元吉,是把小孩食乳食糕饼时,推哥哥打哥哥,那种良知良能扩充出来的。这即是厚黑经上所说:"充其本然之厚黑。"昔人咏汉高祖诗云:"俎上肉,杯中羹,黄袍念重翁面轻。羹嫽嫂,羹颉候,一饭之仇报不休。……君不见汉家开基四百明天子,君臣父子兄弟夫妇朋友之间乃如此。"汉高祖把通常所谓三伦,与夫礼义廉耻,扫荡得干干净净,这即是厚黑经中所说:"去夫外诱之仁义。"

我主张把人性研究清楚,常常同友人谈及,友人说:"近来西洋出了许多心理学的书,你虽不懂外国文,也无妨

买些译本来看。"我说:"你这个话太奇了,我说个笑话你听,从前有个查学,视查某校,对校长说:'你这个学校,光线不足。'校长道:'我已派人到上海购买去了。'人人有一个心,自己就可直接研究,本身它就是一副仪器标本,随时随地,都可以试验,朝夕与我交往的人,就是我的试验品,你叫我看外国人著的心理学书,岂不等于上海买光线吗?"闻者无辞可陈。

人性本是无善无恶,也可说是:可以为善,可以为恶。孟子出来,于整个人性中,截取半面以立说,成为性善说。遗下了半面,荀子取以立论,就成为性恶说。因为各有一半的真理,故两说都可以并存,又因为只占得真理之一半,故两说互相攻击。

有孟子之性善说,就有荀子之性恶说,与之对抗。有王阳明的致良知,就有李宗吾的厚黑学,与之对抗。大凡学说愈偏,则愈新奇,欢迎者遂愈众,这本是一种公例。孟子之性善说,已经偏了,王阳明之致良知更偏,所以阳明之说,一倡出来,就风靡天下。荀子的性恶说,已经偏了,鄙人的厚黑学更偏,所以厚黑学一倡出来,就洋溢乎四川。王阳明说:"见父自然知孝,见兄自然知弟。"把良知两字,讲得头头是道。李宗吾说:"小孩见母亲口中糕饼,自然会取来放在自己口中。在母亲怀中食乳食糕饼,见哥哥近前,自然会用手推他打他。"我把厚黑二字,也讲得头头是道。自阳明目中来看,满街都是圣人,自鄙人目中看来,满街都是厚黑。有人呼我为教主,我何敢当,我在学术界,只取得与阳明对等的位置罢了,不过阳明在孔庙中配享,吃冷猪肉,不免寄人篱下,我将来当另建厚黑庙,以廖大圣人,和王简恒、雷民心诸配享。

我的厚黑学,本来与王阳明的致良知,有对等的价值,何以王阳明受一般人的推崇,我受一般人的非议?因为自古迄今,社会上有一种公共的黑幕,这种黑幕,只许彼此心心相喻,不许揭穿了,揭穿了,就要受社会的制裁,这也是一种公例。我向每人讲厚黑学,只消连讲两三点钟,听者大都津津有味,说道:"我平日也这样想,不过莫有拿出来讲。"请问:心中既是这样想,为什么不拿出来讲呢?这是暗中受了这种公例支配的缘故。我赤裸裸的揭穿出来,是违反了公例,当然社会不许可。

社会上何以会生出这种公例呢?俗语有两句:"逢人短命,遇货添钱。"诸君想都知道,假如你遇着一个人,你问他尊齿?他答:"今年五十岁了。"你说:"看你先生的面貌,只像三十岁的人,最多不过四十岁罢了。"他听了,一定很欢喜,是之谓"逢人短命"。又如走到朋友家中,看见一张桌子……问他买成若干钱,他答道:"买成四元。"你说:"这张桌子,普通价值八元,再买得好,也要六元,你真是会买。"他听了一定也很欢喜。是之谓"遇货添钱"。人们的习性,既是这样,所以自然而然的就生出这种公例。主张性善说者,无异于说:"世间尽是好人,你是好人,我也是好人。"说这话的人,怎么不受欢迎?主张性恶说者,等于说:"世间尽是坏人,你是坏人,我也是坏人。"说这话的人,怎么不受排斥?荀子本来是入了孔庙,后来因为他言性恶,把他请出来,打脱了冷猪肉,就是受了这种公例的制裁,于是乎程朱派的人,遂高坐孔庙中,大吃其冷猪肉。

孟子书上有"阉然媚于世也"一句话,可说是孟子与宋明诸儒定的罪案,也即是孟子自定的罪案。何以故呢?性恶说是箴世,性善说是媚世。性善说者曰:"你是好人,我也

第二部 厚黑丛话

是好人！"此妾妇媚语也。性恶说者曰："你是坏人，我也是坏人！"此志士箴言也。夫下妾妇多而志士少，箴言为举世所厌闻，荀子之步出孔庙也宜哉。呜呼！李厚黑，真名教罪人也。

近人蒋维乔著《中国近三百年哲学史》说，"荀子在周末，倡性恶说，后儒非之者多，绝无一人左袒之者，历一千九百余年，俞曲园独毅然赞同之，……我国主张性恶说者，古今只有荀俞二氏。"云云。俞曲园是经学大师，一般人只研究他的经学，他著的性恶上下两篇，若存若亡，可以说中国言性恶之书，除荀子而外，几乎莫有了，箴言为举世所厌闻，故敢于直说的人，绝无仅有。

滔滔天下，皆是讳病忌医的人，所以敢于言恶者，非天下的大勇者不能，非舍得牺牲者不能，荀子牺牲孔庙中的冷猪肉不吃，才敢于言性恶，李宗吾牺牲英雄豪杰不当，才敢于讲厚黑学。将来建厚黑庙时，定要在后面，与荀子修一个启圣殿，使他老人家，借着厚黑教主的余阴，每年春秋二祭，也吃吃冷猪肉。

常常有人向我说道："你的说法未免太偏。"我说：诚然，惟其偏，才医得好病，芒硝大黄，薑桂附片，其性至偏，名医起死回生，所用皆此等药也。药中之最不偏者，莫如泡参甘草，请问世间的大病，被泡参甘草医好者有几？自孟子而后，性善说充塞天下，把全社会养成一种不痒不痛的大肿病，非得痛痛的打几针，烧几艾不可。医寒病用热药，医热病用寒药。所以听我讲厚黑学的人，常常说道："你的议论，很痛快。"因为害了麻木不仁的病，针之灸之，才觉得痛，针灸后，全体畅适，才觉得快。

有人读了厚黑丛话，说道："你何必说这些鬼话？"我

说:"我逢着人说人话,逢着鬼说鬼话,请问当间之世,不说鬼话,说什么?我这部厚黑丛话,人见之则为人话,鬼见之则为鬼话。"

我不知道这一生中,与孔子有何冤孽,他讲他的仁义,偏偏遇着一个讲厚黑的我,我讲的厚黑,偏偏遇着一个讲仁义的他,我们两自的学说,极端相反,永世是冲突的,我想:"冤家宜解不宜结",我与孔子讲和好了。我想个折衷调和的法子,提出两句口号:"厚黑为里,仁义为表。"换言之,即是枕头上放一部厚黑学,案头上放一部四书五经,心头上供一个"大成至圣先师李宗吾之神位",壁头上供一个"大成至圣先师孔子之神位"。从此以后,我的信徒,即孔子的信徒;孔子的信徒,即是我的信徒。我们两家学说,永世不会冲突了,千百年后,有人出来做一篇"仲尼宗吾合传"一定说道:"仁近于厚,义近于黑,宗吾引绳墨,一切事情,仁义之弊,流于麻木不仁,而宗吾深远矣。"

讳病忌医,是病人通例,因之就成了医界公例。荀子向病人略略针灸了一下,医界就哗然,说他违背了公例,把他逐出医业公会,把招牌与他下了,药铺与他关了。李宗吾出来,大讲厚黑学,叫人把衣服脱了,赤条条的施用刀针,这是自荀子而后,二千多年,都莫得这种医法,此为厚黑所以又名李疯子也。

昨有友人来访,见我桌上堆些宋元学案、明儒案一类书,诧异道:"你怎么看这类书?"我说我怎么不看这类书,相传某国有一井,汲饮者立发狂,全国人皆饮此井之水,全国人皆狂,独有一人,自凿一井饮之,独不狂,全国人都说他得了狂病,捉他来,针之灸之,施以种种治疗,此人不得其苦,只得自汲狂泉饮之,于是全国人都欢欣鼓舞道:"我

们国中，从此无一狂人了。"我怕有人替我医疯病，针之灸之，只好在桌上堆满宋明诸儒的书，自己治疗。

人性是浑然的，仿佛是一个大城，王阳明从东门攻入，我从西门攻入，攻进去之后，所见城中的真相，彼此都是一样。人性以告子所说，无善无不善，最为真确，王阳明倡致良知之说，是主张性善的，而他教人，提出"无善无恶心之体，有善有恶意之动"等语，请问此种说法，与告子何异？我民国元年发表厚黑学，是性恶说这面的说法，民国九年，我创一条公例："心理变化，循力学公例而行。"这种说法，即是告子的说法。告子曰："性犹湍水也。"五个字，换言之即是"心理变化，循力学公例而行。"

孟荀二人，都是于整个人性之中，各截半面以立论，所以把孟子的性善说、荀子的性恶说，合而为一，理论就圆满了，二说相合，即成为告子性无善无不善之说。人问：孟子的学说，哪能与荀子学说相合？我说：孟子曰："人少则慕父母，知好色则慕少艾。"荀子曰："妻子具而孝衰于亲。"请问二人之说，岂不是一样吗？孟子曰："大孝终身慕父母，五十而慕者，予于大舜见之矣。"据孟子所说：满了五十岁的人，还爱慕父母，他眼中只看见大舜一人，请问人性的真相，究竟怎样？难道孟荀之说不能相合吗？

性善说与性恶说，即可合而为一。则王阳明之致良知，与李宗吾之厚黑学，即可合而为一。人问：怎么可合而为一？我说：孟子曰："大孝终身慕父母"，厚黑经曰："大好色终身慕少艾。"孟子曰："五十而慕父母者，予于大舜见之矣，"厚黑经曰："八百岁而慕少艾者，予终彭祖见之矣。"爱亲是不学而能，不虑而知，好色也是。不学能，不虑而知的，用致良知的方法，能把孩提爱亲的天性致出来，做到终

身慕父母，同时就可把少壮好色的天性致出来，做到终身慕少艾。昔人说：王学末流之弊，至于荡踰闲，这就是用致良知的方法，把厚黑学致出来的原故。

依宋儒之意，孩提爱亲，是性命之正，少壮好色，是形气之种，此等说法，真是穿凿附会。其实孩提爱亲，非爱亲也，爱其饮我食我也，孩子生下地，即交乳母抚养，则只爱乳母不爱生母，是其明证，爱乳母，与慕少艾，慕妻子，其心理原是一贯的，无非是为我而已。为我为人类天然现象，不能说他是善，也不能说他是恶，故告子性无善无不恶之说，最为合理，告子曰："食色性也"，孩提爱亲者食也，少艾慕妻子者色也。食色为人类生存所必需，求生存者人种之天性也，故告子又曰："生之谓性"。

王阳明从性善说悟人，我从性恶说悟人，同到无恶无善而止。我同人讲厚黑，等于用手指月，人能循着手看去，就可以看见天上之月，人能循着厚黑学研究下去，就可以窥见人性之真相。常事人，执着厚黑学二字，同我刺刺不休，等于在我手寻月，真可谓天下第一笨人，我的厚黑学，拿与此等人读，真是罪过。

孟子说："人少则慕父母，知好色则慕少艾，有妻子则慕妻子，仕则慕君。"全是从需要生出来的，孩提所需者食也，故慕饮我食之父母。少壮所需者色也，故慕能满色欲之少艾与妻子。出仕需助功名也，君为功名所自出，故慕君。需要者目的物也，亦即所谓目标，目标一定，则只知向之而趋，旁的事物，是不管的。目标在功名，则吴起可以杀其妻，汉高祖可以分父之羹，乐羊子可以食子之羹。目标在父母，则郭巨可以埋儿，姜诗可以出妻，伍子胥可以鞭平王之尸。目标在色欲，则齐襄公可以淫其妹，卫宣公可以纳其

第二部 厚黑丛话

媳,晋献公可以承父妾,著者认为:人的天性,既是这样,所以性善性恶问题,我们无须多所争辩,负有领导国人之责者,只须确定目标,纠正国人的目标就是了。我国现在的大患,在日本压迫,故当提出日本为目标,手有指,指日本;目有视,视日本;口有道,道日本;心有思,思日本,使全国人力之线,集中在这一点,于是乎吴起也,汉高祖也,乐羊子也,郭巨也,姜诗也,伍子胥也,齐襄公也,卫宣公也,晋献公也,一一向目标而趋,救国之道,如是而已。全国四万万人,有四万万根力线,根根力线,直达日本,根根力线,挺然特立,此种之义,可名之曰"合力主义。"

有人问我道:你既自称厚黑教主,当然无所不通,无所不晓,据你说:你不懂外国文,有人劝你看西洋心理学译本,你也不看,像你这样的孤陋寡闻,怎够称得上教主?说道,我试问:你们的孔夫子不懂西洋译本未读过,西洋这个名词,都未听过,怎能会称至圣先师?你进文庙,去把他的牌位,打来烧了,我这厚黑教主的名称,立即登报取消。我再问:西洋希腊三哲,不惟连他们西洋大哲学家康德诸人的书,一本未读过,并且恐怕现在英法德美诸国的字,一个也认不得,怎会称西洋圣人?

更奇者,释迦佛,中国字,西洋字,一个都认不得;中国人的姓名,西洋人的姓名,一个都不知道。他之孤陋寡闻,万倍于我这个厚黑教主。居然成为五洲万国第一个大圣人,这又是甚么道理?嘘,诸君休矣!道不同不相为谋,我正在划出厚黑区域,建立厚黑哲学,我行我素,固不暇同诸君哓哓置辩也。

我是八股校的修业生,生平所知,八股而已。常常有人向我说道:"可惜你不懂科学,所以你种种说法,不合科学

规律。"我说：我在讲八股，你怎么同我讲起科学来了，我正深恨西洋的科学家，不懂八股，一切著作，全不合八股义法，我把达尔文的《物种源论》，斯密的《原富》，孟德斯鸠的《法意》，以评八股之法评之，每书上面，大批二字曰："不通。"人问："究竟不通之点安在？你何得信口空说？"我说，你把我的厚黑丛书读完了，自然明白。

天下文章之不通，至八股可谓至矣，蔑以加矣，而不谓西洋科学家文章之不通，乃百倍于中国之八股。现在全世界纷纷扰扰，就是几部死不通的文章酿出来的。因为达尔文和斯密士的文章不通，世界才会有第一次大战，第二次大战；因为孟德斯鸠的文章不通，我国过去廿四年，才会四分五裂，中央政府，才会组织不健全。人问："这部书也不通，那部书也不通，要甚么书才通！"我说，只有厚黑学，大通而特通。

孝哉！我只懂八股而不懂科学也！如果我懂了科学，恐怕今日尚在朝日日的喊：达尔文圣人也，斯密士圣人也，孟德斯鸠圣人也，黑索里尼、史丹林、希特勒，无一非圣人也。怎么会写厚黑丛话呢？如果要想全世界太平，除非以我的厚黑丛书为新刑律，把古之达尔文、斯密、孟德斯鸠，今之墨索里尼、史丹林、希特勒，一一处以枪毙，而后国际上、经济上、政治上，乃有曙光之可言。

中国的八股研究好了，不过变成迂腐不堪的穷骨头，如李宗吾一类人是也。如果把西洋科学家、达尔文、斯密诸人的学说，研究好了，立即要尸骨成山，血水成河。我素来对于中国的圣人很怀疑，乃一一加以研究，才知道西洋的圣人，更是可怀疑。

我之所以成为厚黑教主者，得力处全在不肯读书。不惟

第二部 厚黑丛话

西洋译本不喜读,就是中国书也不认真读,凡与我相熟的朋友,都晓得我的脾气,无论什么书,抓着就看,先把序看了,我只看首几页,或从末尾倒起看,或随在中间乱翻来看,或跳几页看,略知书中大意就是了。如认为有趣味的几句,我就细细地反复咀嚼,于是一而二,二而三,就思到别地方去了。无论什么深高的哲学书,和最粗浅的戏曲小说,我心目中都是一例视之,都是一样读法。

我认为世间的书有三类,一为宇宙自然的书,二为我脑中固有的书,三为古今人所著的书,我辈当以第一种第二种融合读之,至于第三种,不过借以引起我脑中蕴藏之理而已,或供我印证而已,我所需于第三者,不过如是,中国之书,已足供我之用而有余,安用疲敝精神,读西洋课本焉。

我读书的秘诀,是"跑马观花"四字,甚至有时跑马而不观花。中国的花圃,马儿都跑不完,怎能说到外国?人问:"你读书既是跑马观花,何以你这厚黑丛话中,有时把书缝缝里细微事,说得津津有味?"我说:说了奇怪,这些细微事,一接目即刺眼,我打飞跑时,曾见一朵鲜艳之花,即下马细细赏玩,有时觉得豆子大的花儿,反比斗大的牡丹,更有趣味,所以书缝细细微事,也会跳入厚黑丛话来。

我是懒人,懒则不肯苦心读书,然而我有我的懒人哲学:古今善用兵者,莫如项羽,七十余战,战无不胜,到了乌江,身边只有二十八骑,还三战三胜,然而他学兵法,不过略知其意罢了。古今政治家,推诸葛武侯为第一,他读书也是只观大略,陶渊明在诗界中,可算第一流,他乃是一个好读书不求甚解的人,反之,熟读兵书者莫如赵括,长平之

役,一败涂地。读书最多者如刘歆,辅佐王莽,以周礼治天下,闹得天怒人怨。注《昭明文选》的李善,号称书麓,而作出的文章就不通。书这个东西,等于食物一般,食所以疗饥,书所以疗饥,饮食吃多了不消化,会生病,书读多了不消化,也会作怪,越读得多,其人越愚,古今所谓书呆子是也。王安石读书不消化,新法才行不走,程伊川读书不消化,才有洛蜀之争,朱元晦读书不消化,才有庆元案,才有朱陆之争。我国闹得这样糟,全被西洋书呆子所误。

世界是进化的,从前的读书人,是埋头苦读,进化到项羽和诸葛武侯,发明了读书略观大意的法子,夫所谓略观大意者,必能了解大意也,进化到了陶渊明,好读书不求甚解,则并大意亦未必了解。再进化到厚黑教主,不求甚解,并且不好读书。将来再进化,必至一书不读,一字不识,并

第二部 厚黑丛话

且无理可解。呜呼,世无慧能,斯言也,从谁印证。

我写厚黑丛话,遇著典故不够用,就杜撰一个来用。人问:何必这样干?我说:自有宇宙以来,即应该有这种典故,乃竟无这种典故出现,自是宇宙之罪,我杜撰一个,所以补造化之穷。人说:这类典故,古书中原有之,你书读少了,宜乎寻不出。我说:此乃典故之罪,非我之罪,典故之最古者,莫如天上之日月,书夜摆在面前,攀目即见,既是好典故,我写厚黑丛话时,为甚躲在书堆,不会跳出来?既不会跳出,即是死东西,这种死典故,要它何用!

近日有人向我说:"你主张思想独立,讲来讲去,终逃不出孔子范围。"我说:岂但孔子,我发明厚黑学,未逃出荀子性恶说的范围,我说:"心理变化,循力学公例而行,"未逃出告子"性犹湍水也"的范围。我做有一本《中国学术之趋势》未逃出我家脚大公的范围。格外还有一位说法四十九年的先生,更逃不出他的范围。

宇宙真理,明明摆在我们面前,任何人只要能够细心观察。得出结果,俱是相同。我主张思想独立,揭示宗吾二字,以为标帜,一切道理,经我细心考虑而过,认为对的即说出,不管人是否说过,如果自己已经认为是对的了,因古人曾经说过,我就别创异说,求逃出古人范围,则是:对非古人立异,乃是对我自己立异,是为以吾叛吾,不得谓之宗吾。孔子也,荀子也,告子也,释迦也,孟子也,甚至村言俗语,与夫其他等等也。合一炉冶之,无门户,——以我心衡之,是谓宗吾。宗吾者主见之谓也。我见为是者则是之,我见为非者则非之。前日之我以为是,今日之我以为非,则以今日之我为主,如或回护前日之我,则今日之我,为前日之我之奴,是日奴见,非主见,仍不得谓之宗吾。

老子曰："上士闻道，劝而行之，中士闻道，若存若亡，下士闻道，则大笑，不笑不足以为道。"滔滔天下，皆周程朱张信徒也，皆达尔文信徒也，一听见厚黑学三字，即破口大骂，吾因续老子之语曰："下下士闻道则大骂，不骂不足以为道。"

日前我同某君谈话，引了几句孔子的话，某君道："你是讲厚黑学的，怎样讲起孔子的学说来了？"我说：从前孔子出游，马吃了农民的禾，农民把马捉住，孔子命子贡去说，把话说尽了，不肯把马退还。回见孔子，孔子命马夫去，几句话说得农民大喜，立即退还。你想：孔门中，子贡是第一个会说话，当初齐伐鲁，孔子命子贡去游说，子贡一出而卸齐作鲁，破吴霸越，这样会说的人，独无奈农民何，其原因是子贡智识太高，说的话，农民听不入耳，马夫的智识，与之相等，故一说即入。观世音曰：应以宰官身得度者，现宰官身而为说法，应以婆罗门身得度者，现婆罗门身而为说法。你当过厅长，我现厅长身而说法，你口诵孔子之言，我现孔子身而说法。一般人都说："今日的人，远不如三代以上。"果然不错，鄙人虽不才，自问可以当孔子的马夫，而民国时代的厅长，不如孔子时代的农民。

有一次我同友人某君谈话，旁边有某君警告之曰："你少同李宗吾谈些！谨防把你写入厚黑丛话。"我说："诸君放心，我这厚黑丛话中人物，是准备将来配享厚黑庙的，诸君自问，有何功德，可以配享？你怕我把你写入厚黑丛话，我正怕你们将来混入厚黑庙。"因此我写这段文字，记其事而隐其名。

我生怕我的厚黑中，五花八门的人，钻些进来，闹得如孔庙一般，我撰有敬临食谱序一篇，即表明此意，寻之

第二部 厚黑丛话

如下：

我有六十二岁的老学生黄敬临，他要求入厚黑庙配享，我业已允许，写入厚黑丛话，读者想还记得，他在成都百花潭侧，开一姑姑筵，备具极精美的肴馔，招徕顾主，读者或许照顾过，昨日到他公馆，见他正在凝神静气，楷书《资治通鉴》，我诧异道："你怎么干这个事？"他说："我自四十八年岁以后，即矢志写书，已手写十三经一通，补写新旧唐书合钞，李善注文选，相台礼记，坡门唱和集，各一通，现在打算再写一部资治通鉴，以完夙愿。"我说：你这种主意就错了，你从前历任射洪、巫溪、荥经等县知事，我游迹所至询之人民，你政声很好，以为你一定在官场努力，干一番惊人事业，归而询知，退而庖之，自食其力，不禁大赞曰："真吾徒也，特许入厚黑庙配享。"不料你在干这个生活。须知古今这一类生活的人，车载斗量，有你插足之地吗？庖师

是你特别专长,弃其所长而与人争胜负,何苦乃尔!鄙人所长者厚黑学,故专讲厚黑学,你所长者庖师,不如把所写十三经与夫资治通鉴等等,一火而焚之,撰一部食谱,倒还是不朽的盛业。

敬临闻言,颇以为然,说道:"往年在成都省立第一女子师范学校,充烹饪教师,曾分'薰、蒸、烤、烘、爆、酱、卤、鲜、菱、糟'十门,教授学生,今打算就此十门,条分缕析,作为一种教科书,但兹事体大,苦无暇晷,奈何!"我说:"你又太拘了,何必一做就想做完善,我为你计,每日高兴时,任写一二段,以随笔体裁写出,积久成帙,有暇再把它分出门类,如无暇,既有底本,他日也有人替你整理,倘不及早写出,将来老病侵寻,虽欲写,而力有不能,悔之何及!"敬临深感余言,乃著手写去。

敬临的烹饪学,可称家学渊源,其祖父由江西宦游到川,精于治供,为其子聘,妇非精烹饪者不合适,闻陈氏女,在室,能制咸菜三百余种,乃聘之,即敬临母也。于是以黄陈两家烹饪治为一炉。清末,敬临宦游北京,慈禧后赏以四品衔,供职光禄寺三载,复以天厨之味,融合南北之味。敬临之于烹饪,真可谓集大成者矣,有此绝艺,自己乃不甚重视,不以之公诸世而传诸后,不亦大可惜乎,敬临勉乎哉。

古者有功德于民则祀之,我常笑,孔庙中七十子之徒,中间一二十人有言行可述外,其大半则姓名亦在若有若无之间,遑论功德,徒以依附孔子末光,高坐吃冷猪肉,亦可谓僭且滥矣。敬临撰食谱嘉惠后人,有此功德,自足庙食千秋,生前具美馔以食人,死后人具群馔以祀之,此固报施之至平,正不必依附厚黑教主,而始可不朽也,人贵自立,敬

临勉乎哉。

孔子平日饭蔬饮水，后人以其不讲肴馔，至今以冷猪肉祀之，腥臭不可向迩，他日厚黑庙中，有敬临配享，后人不敢不以美馔进，吾可傲于众曰：吾门有敬临，冷猪肉可不入于口矣，是为序。民国二十四年十二月六日，李宗吾，于成都。

读者只知我会讲厚黑学，殊不知我还会作各种散文，诸君如欲表彰先德，有墓志传状等件，请我作，包管光生泉壤，绝不会蹈韩昌黎谀墓之嫌。至于作寿文，尤是拿手好戏，寿星老读之，必多活若干岁。君如不信，有谢慧生寿文为证，寿文曰：

慧生谢兄，六旬大庆，自撰征文启有云："知旧矜之而赐之以言，以纠过去六十年之失，乃所愿承，苟过爱而望去

年之延，多为之辞，乃多持，（慧生名）之惭且俛，益不可仰矣。"细语。慧生与我同乡，前此之失，惟我能纠之，若欲望其年之延，我也有妙法，故特撰此文以献。

民国元年二三月，我在成都报上，发表厚黑学，其时张君列五，任四川副总督，有天见着我说道："你疯了吗？甚么厚黑学，天天在报上登载，成都近有一伙疯子，巡警总督杨莘友、成都府知事但怒刚，其他如卢锡聊，方琢章等，朝日跑来同我吵闹，我将修一疯人院，把这些疯子，一齐关起来，你这个乱说大仙，也非关在疯人院不可。"我说："噫！我是救苦救难的大菩萨，你把我认为疯子，我替你的甑子担忧"。后来列五改任民政长，袁世凯调之进京。他把印交了，第二天会见我说过："昨夜谢慧生说：'细想起来，李宗吾那个说法，真是用得着。'我拍案叫道：'田舍奴，我岂忘哉！疯子的话，都听得吗？好倒好，只是甑子已经倒了，今当临别赠言，我告诉你两句'往者不可谏，来者犹可追'"。哪知他信道不笃，后在天津织袜，被袁世凯逮京枪毙。他在天牢内坐了两个月，不知五更梦醒之时，曾想及四川李疯子的学说否，宣布死刑时，列五神色夷然，负手旁立，作微笑状，同刑某君，呼冤忿骂，列五呼之曰："某君！不说了！今日之事，你还在梦中。"大约列五此时，大梦已醒，知道今日之死，实系违反疯子学说所致。

同学雷君铁崖，留学日本，卖文为活，满肚皮不合时宜，满清末年跑到西湖白云寺去做和尚。反正时，任孙总统秘书，未岁辞职，作诗云："一笑飘然去，霜风透骨寒，八年革命党，半月秘书官，稷下竿方滥，邯郸梦已残，西湖山色好，莫让老僧看。"他对时事，非常愤懑，在上海，曾语某君言："你回去告诉李宗吾，叫他厚黑学，少讲些。"旋得

第二部 厚黑丛话

疯癫病，终日抱一瓶酒，逢人即乱说，常常独自一人，倒卧街中，人事不醒，警察看见，把他弄回，时愈时发，民国九年竟死。我这种学说，正是医他那种病的妙药，他不惟不照方服药，反痛诋医生，其死也宜哉。

列五铁崖，均系慧生兄好友，渠二人反对我的学说，结果如此，独慧生知道，疯子的学说，用得着，居然活了六十岁，倘循着这条路走去，就再活六十岁也是很可能的。我发明厚黑学二十余年，私塾弟子遍天下，尽都轰轰烈烈，做出许多惊天动地的事业，偏偏同我讲学的几个朋友，列五铁崖而外，如廖君绪初，杨君泽溥，王君简恒，谢君绥青，张君荔丹，对于吾道，均茫无所得，先后憔悴忧伤以死，慧生于吾道，似乎有明了的认识了，独不何以解蛰居海上，寂然无

闻,得非过我,而不入我室耶?然因其略窥涯涘,亦获享此高寿,足徵吾道至大,其用至妙,进之可以干惊天动地的事业,退之亦可延年益寿,今昔远隔数千里,不获登堂拜祝,谨献此文,为慧生兄庆,兼为吾党劝,想慧生兄读之,当亦掀髯大笑,满饮数觞也。民国二十四年元月弟李宗吾拜撰。

后来我在重庆,遇著慧生侄又华,新自上海归来,说道:"家叔见此文,非常高兴,说道'李先生说我,还要再活六十岁,那个时候,我也有八九十岁了,恐怕还活我不赢'。"子章骰骼,不过愈疟疾而已,陈琳檄文,不过愈头风而已,我为学说,直能延年益寿。诸君试买一本读读,比吃红色药丸,参茸卫生丸,功效何啻万倍。

民国二年,讨袁失败后,我在成都,会着一人,瘦而长,问其姓名,为隆昌黄容九,他问了我的姓名,面貌惊愕色,说道:"你是不是讲厚黑学那个李某?"我说:"是的,你怎么知道?"他说:"我在北京听见列五说过。"我想:列五能在北京,宣传吾道,一定研究有得,深为之庆幸。民三下半年,我在中坝省立第二中学,列五由天津致我一信,历叙近况,及织袜情形,并说当局如何如何与他为难。我读了,失惊道:"噫!列五死矣,知而不行,奈何!奈何!"不久,曰闻被逮入京。此信我已裱作手卷,谓名人题跋,以为信道不笃者戒。

列五是民国四年,一月七日,在天津被逮,三月四日,在北京枪毙,如今整整的死了二十一年,我这疯子的徽号,起初是他喊起的,诸君旁观者清,请批评一下:"究竟我是疯的,他是疯的?"宋朝米芾,人呼之为"米癫",一日苏东坡请客,酒酣,米芾起言曰"人呼我为米癫?请质之子瞻。"苏东坡笑曰:"吾从众。"我请诸君批评,我是不是疯子?诸

第二部 厚黑丛话

君一定说："吾从众。"果若此，吾替诸君危矣！且替中华民国危矣！何以故？曰：有张列五的先例在，有民国过去二十四年的历史在。

去岁（二十四年）元旦，华西报的元旦增刊上，我作有篇文字，题曰"元旦预言"，我的预言，是"中国必兴，日本必败"八个字，这是我从厚黑史观推论出来，必然的结果，不过文中未提明厚黑学三字罢了。今年华西报发元旦刊，先数日总编辑请我做篇文章，我说：做则必做，但我做了，你则非刊上不行，我的题目，是"厚黑年"三字。他听了默然不语。所以二十五年华西报元旦增刊，诸名流都有文字，独莫有厚黑教主的名字，就是这个原因。我认为民国二十五年，是中国的厚黑年，也即是一千九百三十六年，为全世界的厚黑年，诸君不信，请详考事实。

昔人说"丈夫不能流芳百世，亦当遗臭万年"，我民国元年发表厚黑学，自今已厚黑年，我在四川一省内，遗臭万年的工作，算是做了四百分之一，仰俯千古，常以自豪。所以民国二十五年，在我个人方面，也可说是厚黑年，是应该开庆祝大会的。我想：我的信徒，将来一定会仿耶稣纪年的办法，以厚黑纪年，使厚黑学三字与国同休，每二十五年，开庆祝大会一次，自今以后，再开三百九十九次，那就是民国万年了。我写至此处，不禁高呼曰：中华民国万岁！厚黑学万岁！

去年吴稚晖在重庆时，新闻记者友人毛畅熙，约我同去会他。我说：我何必去会他的，他读尽中外奇书，独莫有读过厚黑学，他自称是大观园中的刘姥姥，此次由重庆，到成都，登峨眉，游嘉定，大观园中的风景和人物，算是看过了，独于大观园方面，有一个最清白的石狮上，他却未见

过。欢迎吴先生，我也去了来，他的演说，我也听过，石狮子看见刘姥姥在大观园进进出出，刘姥姥独未看见石狮子，我不去会他，特别与他留点憾事。

有人听见厚黑学三字，即骂曰："李宗吾是坏人"，我即还骂之曰："你是宋儒"：要说坏，李宗吾与宋儒，同是坏人。要说好，李宗吾与宋儒，同是圣人。就宋学言之，宋儒是圣人，李宗吾是坏人。就厚黑学言之，李宗吾是圣人，宋儒是坏人。故骂我为坏人者，其人即是坏人，何以故？是宋儒故。

我所最不了解者，是宋儒去私之说。程伊川身为洛党首领，造成洛蜀相攻，种下南渡之祸，我不知他的私字去掉了莫有？宋儒讲性善，流而为洛党，在他们目中视之，人性皆善，我们洛党，尽是好人，惟有苏东坡，其性与人殊是一个坏人。王阳明讲致良知，满街都是圣人，一变而为东林党，吾党尽是好人，惟有力抗满清的熊廷弼是坏人，是应该拿来杀的。清朝的皇帝，披览廷弼遗疏，认为他的计划实行，满清断不能入关，悯其忠而见杀，下诏访求他的后人，优加抚恤，而当日排挤廷弼，并且想杀他的，不是别人，乃是至今公认为忠臣义士的杨涟左光斗等，这个道理，拿来怎讲？呜呼洛党！呜呼东林党！我不知苍颉夫子，当日何苦造下一个党字，拿与程伊川、杨涟、左光斗一般贤人君子这样用！奉劝读者诸君，与其研究宋学、研究王学，不如切切实实的，研究厚黑学好了。

人心如磁石一般，我们学过物理学，即知道：凡是铁条，都有磁力，因为内部分子凌乱，南极北极相消，才显不出磁力来。如用磁石在铁条上引导一下，内部分子，南北极排顺，立即发出磁力来。我国四万万人，本有极大的力量，

第二部　厚黑丛话

只因内部凌乱，致受列强的欺凌，我们只要把内部力线排顺，四万万人心理，走在同一的线上，发出来的力量，还了得吗？问：内部分子，如何才能排顺？我说，你只有研究厚黑学，我所写的厚黑丛话，即是引导铁条的磁石。

我国有四万万人，只要能够联为一气，就等于联合了欧洲十几国，我们现受日本的压迫，与其哭哭啼啼，跪求国联援助，跪求英美诸国援助，毋若哭哭啼啼，跪求国人，化除意见，先把日本驱逐了，再说下文。人问：国内意见，怎能化除？我说：你把厚黑学广为宣传，使一般人了解厚黑精义，及厚黑学使用法，自然就办得到了。

我发明厚黑学，一般人未免拿来用反了，对列强用厚字，摇尾乞怜，无所不用其极；对国人用黑字，排挤倾轧，无所不用其极，以致把中国闹得这样糟。我主张翻过来用，对国人用厚字，事事让步，任何气都受，任何旧账都不算。对列强用黑字，凡可以破坏帝国主义者，无所不用其极，一点不让步，一点气都不受，一切旧账，非算清不可。然此非空言所能办到，其下手方法，则在调整内部，把四万万根磁力线排顺，根根力线，直射帝国主义者，这即是我说的"厚黑救国"。

我们学物理化学，可先在讲室中试验，惟有国字这个东西，不能在讲室中试验，据我看来，还是可以试验的，现在五洲之中，各国林立，诸大强国，互相竞争，与我国春秋战国时代是一样的，我们可以说，现在的五洲万国，是春秋战国的放大形，当日的春秋战国，即是我们的试验品。

春秋时，周天子失去了统驭能力，诸侯互相攻伐，外夷乘间侵入，弱小国很受蹂躏，与现在情形是一样的。楚国把汉阳诸姬灭了，还要问鼎中原，与日本灭了琉球高丽，进而

占据东北四省,进而想并吞中国是一样的。那个时候,一般人正寻不着出路,忽然跳出一个大厚黑家,名曰管仲,霹雳一声,揭出"尊周攘夷"的旗帜,用周天子的名义,驱逐外夷,保全弱小民族的领土,大受一般人的欢迎。他的办法,是纠合诸侯,把弱小民族的力量,集中起来,向外夷攻打,伐山戎以救燕,伐狄以救卫邢,就是用一种合力政策,把外夷各个击破。以那时国际情形而论,楚国是第一强国,齐虽泱泱大国,但经襄公荒淫之后,国内大乱,桓公即位之初,长勺之战,连鲁国这种弱国,都战不过,其衰弱情形可想。召陵之役,竟把楚国屈伏。全由管仲政策适宜之故。我国在世界弱小民族中,弱则有之,小则未也,很像春秋时的齐国,当今之世,"管厚黑"复生,他的政策,一定是:"拥护中央政府,把全国力量集中起来,然后进而联合弱小民族,把他全世界力量,集中起来,向帝国主义攻打。"基于此种研究,我国当九一八事变之后,早就该使下厚黑学,退出国际联盟,另组一个"世界弱小民族联盟",与那个分赃集团的国联,成一个对抗形势,由我国出来,当一个齐桓公,领导全世界被压迫民族,对帝国主义争斗。

到了战国,国际情形又变,齐楚燕赵韩魏秦,七雄并立,周天子已经扶不起来,纸老虎成了无用之物,尊周二字,说不上了。楚在春秋时,为夷狄之国,到了此时,攘夷二字,更不适用。七国之中,秦最强,骏骏乎,有并吞六国之势。于是第二个大厚黑家苏秦,挺身出来,提倡联合六国,以抗秦国,即是联合众弱国,攻打一强国,仍是一种合力政策,可说是"管仲厚黑政策的变形"。基于此种研究,我们可把世界帝国主义,合看为一个强秦,把全世界弱小民族,看作六国,当然组织一个"弱小民族联盟",以与帝国

主义周旋。

诸君莫把苏秦的法子小视了,他是经过引锥刺股的工夫,揣摹期年,才研究出来,他这种法子,含有甚深的道理,他得的太公阴符,阴符是道家之书,古阴符不传,现行的阴符,是伪书。我们既知是道家之书,就可用老子的道德经来说明,老子一书,包藏有精深的厚黑原理,战国时厚黑大家文种范蠡,汉初厚黑大家张良陈平等,都是从道家一派出来的。管子之书,汉书艺文志,列入道家,所以管仲的内政外交,暗中以厚黑二字为根据。鄙人发明厚黑学,进一步研究,创一条定理"心理变化,循力学公例而行",去读老子之书,就觉得处处可用力学公例来解释,将来我讲"中国学术"时,才来逐一说明。此时谈厚黑外交,我只能说,苏大厚黑的政策,与老子学说相合,与力学公例相合。

老子曰:"天之道,其犹张弓乎,高者抑之,下者举之,有余者损之,不足者补之",这明明是归到一个平字而止,力学公例,两力平衡,才能稳定,水不平则流,人不平则鸣。苏秦窥见这个道理,游说六国,抱定一个平字而论。他说六国,每用"宁为鸡口,无为牛后"和"称东藩,筑帝宫,受冠带,祠春秋"一类话,激动人不平之气。他对付秦国的法子,是"把六国联合起来,攻秦一国,五国出兵相救",此种办法,合得到克鲁泡特金的"互相"之说。秦虽强,而六国联合起来,力量就比它大,合得到达尔文"竞争"之说。他把他的政策,定名为"合纵",更可寻味,齐楚燕赵韩魏六国,发出六根力线,取纵的方向,向强秦攻打,明明是力学上的合力方式。他这个法子,较诸管仲政策,含义更深,所以必须揣摹期年,才研究得出来。他一研究出来,自己深信不疑地说道:"此真可以说当世之君矣。"

果然一说就行，六国之君，都听他的话。战国策曰："当此之时，天下之大，万民之众，王侯之威，谋臣之权，皆决于苏秦之策"。又曰："秦说诸侯之王，杜左右之口，天下莫之能抗。"你想：战国时候，百家争鸣，是学术最发达时代，而苏秦厚黑的政策，能够风靡天下，岂是莫得真理吗？

管苏两位大厚黑家，定下的外交政策，形式虽不同，里子是一样的，都是合众弱国以攻打强国，都是合力政策。然而管仲之政策成功，苏秦之政策，终归失败，纵约终历解散。其原因安在呢？管仲和苏秦，都是起的联军，大凡联军总要有负责的首领，唐朝九节度相州之役，虽有郭子仪李光弼诸名将，卒至溃败时，就由于莫得负责的首领。齐国是联军的中坚分子，战争责任，一肩担起，其他诸国，立于协助地位。六国则彼此立于对等地位，不相统辖，缺乏重心，苏秦当纵约长，本然是六国的重心，无奈他这个人，莫得事业心，当初只因受了妻不下机，嫂不为炊的气，才发愤读书，及佩了六国相印，可以骄傲父母妻嫂，就志满意得，不复努力，你想当首领的人，都像这样子，怎能成功？假令管大厚黑来当六国的纵约长，是决定成功的。

苏秦的政策，确从学理上研究出来，而后人反鄙视之，其故何也？这只怪他早生了二千多年，未能领教李宗吾的学说，他陈书数十箧，中间缺少了一部"厚黑丛话"，不知道"厚黑为里，仁义为表"的法子，他游说六国，纯从利害上立论，赤裸裸地把厚黑表现出来，忘记在上面糊一层仁义道德，所以他的学说，就成为邪说，无人研究，这是很可惜的。我们用厚黑史观的眼光看去，他这个人，学识有余，实行不足。平生事迹，可分两截看：从刺股至当从约长，为一截，是学理上的成功。当从约长以后，为一截，是实行上之

第二部 厚黑丛话

失败。前一截,我们当奉以为师,后一截,当引以为戒。

我们把春秋战国外交政策,研究清楚了,再来研究魏蜀吴三国的外交政策:三国中,魏最强,吴蜀俱弱,诸葛武侯,在隆中,同刘备定的大政方针,是东联孙吴,北攻曹魏,合两弱国,以攻一强国,仍是苏大厚黑的法子。史称:孔明自比管乐,我请问读者一下,孔明治蜀,略似管仲治齐,自比管仲,尚说得去,惟他生平政绩,无一点乐毅相似,以之自比,是何道理?这就很值得研究了。考之战国策:燕昭王伐齐,是合五国之兵,以乐毅为上将军,他是联军的统帅,与管仲相桓公,帅诸侯之兵以攻楚是一样。燕王欲伐齐,乐毅献策道:"夫齐霸国之余教,而骤胜之遗事,闲于兵甲,习于战功。王若欲攻之,则必举天下而图,"因主张合赵楚魏宋以攻之。孔明在隆中,对刘先帝说道:"曹操已拥百万之众,挟天子以令诸侯,此诚不可与争锋,"因主张:西和诸戎,南抚夷越,东联孙权,然后北伐曹魏,其政策与乐毅完全一样。乐毅曾奉昭王之命,亲身赴赵,把赵联好,再合楚魏宋之兵,才把齐打破。孔明奉命入关,说和孙权,共破曹操于赤壁,其举动也是一样,此即孔明自比乐毅所由来也。至于管仲纠合众弱国,以讨伐最强之楚,与孔明政策相同,更不可待言。由此知孔明联合伐魏的主张,不外管仲乐毅的遗策。

东汉之末,天子失去统驭能力,群雄并起,与春秋战国相似,孔明隐居南阳时,与诸名士讨论天下大势,大家认定:曹操势力最强,非联合天下之力,不能把他消灭,希望有春秋时的管仲,和战国时的乐毅,这类人才出现。于是孔明遂自许:有管仲乐毅的本事,能够联合群雄,攻打曹魏,这即所谓"自比管乐"了,不过古史简略,只记"自比管仲

乐毅"一句，把他和诸名士的议论，概行删去了。及到刘先帝三顾草庐时，所有袁绍、袁术、吕布、刘表等，一一消灭，仅剩一个孙权。所以隆中定的政策，是东联孙吴，北攻曹魏。这种政策，是同诸名士细讨论过的，故终身照这个政策行去。

"联合众弱国攻打强国"的政策，是苏秦揣摹期年，研究出来的，是孔明隐居南阳，同诸名士，讨论出来的，中间含有绝大的道理。人称孔明为王佐之才，殊不知：孔明澹泊宁静，颇近道家，他生平所读的，是最粗浅的两部厚黑教科书，第一部是韩非子，第二部是战国策，他治国之术，纯是师法申韩，曾手写申韩以教后主，他的外交政策，纯是师法苏秦。战国策：苏秦说韩王曰"臣闻鄙谚曰'宁为鸡口，无为牛后'，今大王西面交臂而臣事业，何以异于牛后乎？"韩王忿然作色，攘臂按剑，仰天大怒曰："寡人虽死，必不能事秦"。三国志载：孔明说孙权，叫他案兵束甲，北面降曹，孙权勃然曰："吾不能举全吴之地，十万之众，受制于人。"我们对照观之，孔明的策略，岂不是与苏厚黑一样吗？

"联众弱国，攻打强国"的政策，非统筹全局，从大处着眼，看不出来。这种政策，在蜀只有孔明一人能了解，在吴只有鲁肃一人能了解，鲁肃主张舍去荆州，以期与刘备联合，其眼光之远大，几欲驾孔明而上之。蜀之关羽，吴之周瑜吕蒙陆逊，号称英杰，俱只见著眼前小利害，对于这种大政策，全不了解，刘备孙权，有相当的了解，无奈认不清，拿不定，时而联合，时而破裂，破裂之后，又复联合。最了解者，莫如曹操，他听见孙权把荆州借与刘备，二人实行联合了，正在写字，手中之笔都扔掉。其实孙刘联合，不过抄写苏厚黑的旧文章，曹操是千古奸雄，听了都要心惊胆战，

这个法子的厉害,也就可想而知了。

从上面的研究,可得一结论曰"当今之世,诸葛武侯复生,他的政策是,组织世界弱小民族联盟,向帝国主义的国家进攻。"

孔孟言道德,战国策士,则言利害,普通人知有利害,不知有道德,故孔孟终身不遇,策士则立谈而取卿相之荣。苏秦说六国联盟,从利害立论,说得娓娓动听,六国之君,又翕然从之。张仪解放联盟,也是从利害立论,说得娓娓动听,六国之君,又翕然从之。请问同是一事,何以极端相反之两说,俱能动人?究竟仪秦两说,孰为真理?孰非真理?我们要了解这个问题,当先懂得人类社会中,有一个公例,公例为何?即"目前之小利害,与日后之大利害,往往相反"是也。例如忍嗜欲,劳筋骨,此目前小害也,以后有种种幸福,则大利也。贪财色,耽逸乐,此目前之小利也,日后有种种祸患,则大害也。苏秦说六国联盟,从日后大利害立论。张仪解散联盟,从目前小利害立论,常人目光短浅,虽以关羽周瑜吕蒙陆逊,这类才智之士,尚不免为目前小利害所惑,何况六国昏庸之王,所以张仪之言,一说即入。

我们倡"弱小民族联盟"之议,闻者必惶然大骇,以为帝国主义势力这样大,我们组织弱小民族联盟,岂不触怒它而立即灭亡?这种疑虑,是一般人所有的,当时六国之君,也有这种疑虑,张仪知六国之君胆怯,就乘势恐吓之,说道:"你们如果这样干,秦国必如何如何的攻打你,我劝你还是西向事秦,将来有如何的好处。"六国听他的话,连袂事秦,遂一一为秦所灭。诸君试取战国策细读一遍,即知张仪对六国的话,绝像现在帝国主义之恐吓小民族一般。由历史的事实来证明,从张仪之言而亡国,可知苏秦之主张是对

的。今之论者，怕触怒帝国主义者，不敢组织弱小民族联盟，恰走入张仪途迳，愿读者，深思之！深思之！

苏秦与张仪同学，自以为不及仪，后来回到家中，引锥刺股，揣摹期年，加以一番自修的苦功，其学力遂超出张仪之上，说出的话，确有道理。孟子对齐宣王曰："海内之地，方千里者九，齐集有其一，以一服八，何异于邻敌楚哉！"这种说法，宛然合从声口，孟子讥公孙衍张仪，以顺为正，是妾妇之道，独未说及苏秦，我们细加研究，公孙衍张仪教六国事秦，俨如妾妇事夫，以顺为正。若苏秦之反抗强秦，正是孟子讲威武不能屈之大丈夫。

孟子之学说，最富于独立性，我们读孟子答滕文公"事齐事楚"之间，答"齐人筑薛"之间，答"事大国则不得免焉"之间，独立精神，跃于纸上，假令孟子生于今世，绝不会仰承列强鼻息，绝不会接受丧权辱国的条件。

宇宙真理，只要能够彻底研究，得出的结果，彼此是相同的，所以管仲"尊周攘夷"的政策，律以孔子的春秋是合的。苏秦"合众弱国以抗一个强国"的政策，律以孟子的学说，也是合的。司马光著《资治通鉴》，也说合纵六国之列，深惜六国之不能实行，足证苏秦的政策是对的。我讲厚黑学有两句秘诀："厚黑为里，仁义为表。"假令我们明告于众曰："我们应当师法苏秦联合六国之法，组织弱小民族联盟。"一般人必诧异曰："苏秦是讲厚黑的，是李疯子一流人物，他的话都信得吗？信了立会亡国。"我们改口说道："此孔孟遗意也，此诸葛武侯之政策也，此司马温公之主张也。"听众必欣然接受。

大丈夫宁为鸡口，无为牛后，宁为玉碎，无为瓦全。我国以四万万民众之国，在国联中求一理事而不可得，事事惟

第二部 厚黑丛话

列强马首是瞻,亡国之祸,迫在眉睫,与其坐而待毙,孰若起而攻之,与其在国联中,仰承列强鼻息,受列强之宰割,不若退而为弱小民族之盟主,与列强为对等之周旋。春秋之义,虽败犹荣,而况乎断断不败也。

晋时李恃入蜀,周览山川形势,叹曰:"刘禅有如此江山,而降于人,岂非庸才?"我国有这样的上地人民,而受制于东瀛三岛,千秋万岁后,读史者,将谓之何!余岂好讲厚黑哉。余不得已也,凡我四万万民众,快快的厚黑起来,一致对外,全世界被压迫民族,快快厚黑起来,向帝国主义进攻。

有了春秋战国那种局势,管仲苏秦的政策遂应运而生,有了现今这种局势,威尔逊的政策,也应运而生。威尔逊国际联盟之主张,大类管苏二人的政策,其主张虽对,卒之不能成功,也与苏秦相似。然而我们由学理方面推论,要想全世界永久和平,非仍走管仲苏秦这条路不可。现在国际联盟,已经衰朽不适用了,应当把它摧毁了,由我国出来发起,另组一个"世界弱小民族联盟",威尔逊的原则,拿在"弱联"中来实行。

威尔逊提出"民族自决"的口号,大受弱小民族的欢迎,我们组织弱小民族联盟,于"民族自决"之外,再加以"弱小民族互助"的口号,当然更受欢迎。且威尔逊不过是徒呼口号而已,我们组织弱小民族联盟,有特设之机关提挈之,更容易成功。

威尔逊"民族自决"之主张,其所以不能成功者,由于本身是矛盾的。弱小民族是被压迫者,威尔逊代表美国,美国是列强之一,是站在压迫者方面。威尔逊个人,虽有这种主张,其奈美国之立场不同何?我国与弱小民族是站在一个

立场，出来提倡民族自决，组织弱小民族联盟，彼此互助，是决定成功的。

至于和会上威尔逊之所以失败者，则由威尔逊是教授出身，不脱书生本色，未曾研究过厚黑学。美国参战之初，提出十四条原则，主张民族自决，巴黎和会初开，全世界弱小民族，把威尔逊当如救世主一般，以为他们的痛苦，可以在和会上解除了；哪知英国的路易乔治、法国的克利孟梭，都是精研厚黑学的人，就中克利孟梭，绰号"母大虫"，尤为凶悍，初闻威尔逊鼎鼎大名，见面之后，方知黔驴无技，时时奚落他，甚至说道："上帝只有十诫，你提出十四条，比上帝还多了四条，只好拿到天国去行使。"威尔逊只好忍受。后来意大利全权代表下旗归国，日本全权代表，也要下旗归国，就把威尔逊吓慌了，俯首帖耳，接受他们要求，而民族自决四字，遂成泡影。

假令我这个厚黑教主是威尔逊，我就装痴卖呆，听凭他们奚落，坐在和会席上，一言不发，直到意大利下旗归国，日本下旗归国，已经出了国门，猝然站起来，在席上一巴掌说道："你们要这样干吗？我当初提出十四条原则，主张民族自决，你们认可了，我美国才参战，而今你们这样干，使我失信于美国人民，失信于全世界弱小民族，我只好率领全世界弱小民族，向你们英法意日四国，决一死战，才可见诸于天下后世。你母大虫说我这十四条，应拿在天国行使，你看我于一星期内，用鲜血将这个世界染红，就从这鲜血中，现出一个天国，与你母大虫看。"

说毕，退出和会，应用我"办事二妙法"中的补锅法，把锅敲破了再说，三十分钟内，通电全世界，叫所有弱小民族，一致起来，对列强反戈相向，由美国指挥作战，这样一

第二部 厚黑丛话

来，请问英法意日敢开战吗？

当日事实俱在，我们不妨研究一下：德国战斗力并未损失，最感痛苦者，食料被列强封锁耳，只要接济他的粮食，单是一个德国，已够英法对付，大战之初，英法给殖民地许多权利，弱小民族才抛弃旧日嫌怨，一致赞助，印度甘地，也同他的党徒，帮助英国，原想战胜之后，可以抬头，哪知和会上，列强食言，弱小民族，正在含血喷天，有了威尔逊这样的主张，还有不立即倒戈的吗？兼之美国是生力军，国家又富，英法已精疲力倦，如果实行开战，可断定：一个星期，必把英法打得落花流水，这个战火，请问英法敢打吗？如果要我美国不打，除非十四条原则，条条实行，并须加点利息，格外增加两条，何以讲呢？因为你英法诸国，素无信义，明明白白承认了的条件，都要翻悔，所以十四条之外，非增两条，以资保障不可。

威尔逊果然这样干，难道民族自决主张，不能实现吗？无奈威尔逊一见意大利和日本的使臣，下旗归国，就手忙脚乱，用"锯箭法"了事，竟把千载一时之机会失去，惜哉！惜哉！不久箭头在内面陆续发作，我国东北四省，无端失去，阿比西尼亚，无端受意大利之摧残，世界第二次大战，行将爆发，凡诸种种，都由威尔逊在和会席上，少拍一巴掌之故，甚矣厚黑学之不可不讲也。

上述之办法，以威尔逊的学识，难道见不到吗？就说威尔逊是书呆子，不懂厚黑学，同威尔逊一路到和会的，有那么多专门人才，那么多外交家，一个个都是在厚黑场中，来来往往的人：难道这种粗浅的厚黑技术都不懂得，还待李疯子来吗？他们懂是懂的，只是不肯这样干，其原因就是弱小民族是被压迫者，美国是压迫者之一，根本上，有了这种大

矛盾，美国怎能这样干呢？

　　威尔逊提出"民族自决"四字，与他本国立场，是矛盾的，日本是精研厚黑学的，窥破威尔逊有此弱点，就在和会上提出"人种平等"案，朝着他的弱点攻击，意若曰的"你会唱高调，等我唱个高调，比你更高。"这本是厚黑的妙用，果然把威尔逊制住了。然而威尔逊毕竟是天擅聪明，他并没有读过厚黑学译本，居然懂得厚黑哲理，他明知民族自决之主张，为列强所不许，为本国所不许，竟大吹大擂起来，闹得举世震撼，此即是鄙人"办事二妙法"中之"敲锅法"也。把锅之裂缝，敲得长长的，乘势大出风头。直至意大利和日本全权代表，要下旗归国，他就马马虎虎了事，此"办事二妙法"中之"锯箭法"也。威尔逊可以昭告世界曰："民族自决之主张，其所以不能贯彻者，非我不尽力也，其奈环境不许何！其奈英法意日不赞成何！"无异外科医生，对人说道："我之只锯箭杆，而不取箭头者，非外科医生不尽力也，其奈内科医生，袖手旁观何！"噫，威尔逊真厚黑界之圣人哉！

　　中国八股先生有言曰："东海有圣人，西海有圣人，此心同，此理同也。"鄙人发明敲锅法、锯箭法，此先知先觉之东方圣人也。威尔逊实行敲锅法、锯箭法，不虑而中，不思而得之，虽欲不谓西方圣人，不可得已。

　　我当日深疑：威尔逊是个老教书出身；是一个书呆子，何以懂得敲锅法、锯箭法？后来我多方考察，才知他背后站有一个军师，豪斯大佐，是著名的阴谋家，是威尔逊的脑筋。威尔逊之当总统，他出力最多，威尔逊的阁员，大半是他推荐的，所以美国绝交参战也，山东问题也，都是此公的主张，他专门唱后台戏，威尔逊不过登场之傀儡罢了。威尔

第二部 厚黑丛话

逊听信此公的话,等于刘邦之听信张子房的话,我们既承认刘邦为厚黑圣人,就呼威尔逊为厚黑圣人,也非过誉。

一般人都以为巴黎和会,威尔逊厚黑学失败,殊不知威尔逊之成功,他当美国第二十八代的总统,试问:从前二十七位总统、读者诸君,记得几个人姓名,我想除了华盛顿、林肯二人,鼎鼎大名而外,第三恐怕要数威尔逊了。任人如何批评,他总是历史上有名人物。问其何修而得之,无非是善用敲锅法、锯箭法罢了,假使他不懂得厚黑学,不过混在从前二十七位总统中间,姓名若有若无,威尔逊三字,安能赫赫在人耳目?由是知:厚黑之功用大矣哉!成则建千古不比之盛业,败亦留宇宙大名,读者诸君快快与我拜门,只要把脸儿弄得厚厚的,心儿弄得黑黑的,跳上国际舞台,包管你名垂宇宙,包管你把帝国主义,打得弃甲曳兵而逃。

巴黎和会上,集世界厚黑家于一堂,勾心斗角。仿佛一群拳术家,在擂台上较技,我们站在台下。把他们的拳法,看得清清楚楚,当用何种拳法,才能破他,台下一目了然,台上人反漠然不觉。当初威尔逊提出"民族自决"之主张,大受弱小民族欢迎,深为英法意日所不喜,可知"民族自决"四字,可以击中列强的要害。及后日本提出"人种平等"案,威尔逊就哑口无言,而"民族自决"案,就无形打消,可知"人种平等"四字,可以击中欧美人的要害。我国如出来提倡"弱小民族联盟",把威尔逊的"民族自决"案,和日本人的"人种平等"案,合一炉而治之,岂不更足以击中他们的要害吗?

美国和日本,是站在压迫者方面的,威尔逊主张的"民族自决",日本主张的"人种平等",不过口头拿来说说,并无实行的决心,已经闹得举世震惊,列强大吓;我国是站在

被压迫方面，循着这个路子做去，口头这样说实际上就这样做，并且猛力做，当然收很大的效果。

譬之打战，先要侦探一下，再用兵略略攻一下，才知敌人某处虚，某处实，既把虚实明了了，然后才向他的弱点猛攻，陆逊大破刘先帝，就是用的这种法子。刘先帝连营七百里，陆逊先攻一营不利，对众人说道："他的虚实，我已经知道了，自有破之之法。"于是纵火烧之，刘先帝遂全军溃败。威尔逊提出"民族自决"案，举世震动，算替弱小民族侦探了一下。日本提出"人种平等"案，就把威尔逊挟持着了，算是向列强略略的攻了一下。他们几个厚黑家，把自家的弱点，尽情暴露，我们就向着这个弱点，猛力攻击，他们的帝国主义，当然可以一举而摧灭之。

刘先帝之失败，是由于连营七百里，战线太摆宽了，陆逊令军士，每人持一把火，隔一营，烧一营，同时动作，刘先帝首尾不能相顾，遂至全军溃败。列强殖民地太宽，仿佛刘先帝连营七百里一般。我国纠约世界弱小民族，同时动作，等于陆逊烧连营，遍地是火，列强首尾不能相顾，他们是帝国主义，自然溃败。英国自夸：凡是太阳所照之地，都有英国的国旗，我们把"国联会"组织好了，可说：凡是太阳所照之地，英国人都该挨打。

刘先帝身经百战，矜骄极了，以为陆逊是个少年，不把他放在眼里，不知陆逊能够忍辱负重，是厚黑界后起之秀，猝然而起，出其不意，把那位老厚黑刘备，打得一败涂地。帝国主义者，把我们看不在眼，矜骄极了，我国备受欺凌，事事让步，忍辱负重，已经到了十二万分，当然学陆逊，猝然而起，奋力一击。

我是八股学校的修业生，中国的八股，博大精深，真所

第二部 厚黑丛话

谓宗庙之美，百官之富，我寝馈数十年，只能说是修业，不敢言毕业。我作八股有两个秘诀：一曰抄袭古本，二曰作翻案文字。先生出了一道题，寻一篇类似的题文，略略改换数字，沐手敬书的写去，是曰抄袭古本。我主张弱小民族联盟，这是抄袭管仲苏秦和诸葛亮三位的古本。人说冬瓜做不得瓠子，我说：冬瓜做得瓠子，并且冬瓜做的瓠子，比世界上任何瓠子，还要好些，何以故呢？世界上的瓠子，只有里面蒸的东西吃得，瓠子吃不得，惟有冬瓜做的瓠子，连瓠子都可以当饭吃，此种说法，即所谓翻案文字也。我说：厚黑可以救国，等于说冬瓜可以做瓠子，所以我的学说，最切实用，是可以当饭吃的。

勘察陈言，为作文之大忌，俾斯麦唱了一个铁血主义的戏，全场喝彩，德皇威廉二世，重演一次，一败涂地，日本人接着再演，将来决定一败涂地，诸君不信，请拭目观其后。

抄袭古本，总要来得高明，诸葛武侯，治国师法申韩，外交师法苏秦，明明是纵横杂霸之学，后人反说他有儒者气象，明明是霸佐之才，反说他是王佐之才，此公可算是抄袭古本的圣手。

勘写文字的人，每喜欢勘写中试之文，殊不知应当勘写落卷：铁血主义四字，俾斯麦中试之文也，我万不可剿写。民族自决四字，是威尔逊的落卷，人种平等四字，是日本的落卷，如果沐手敬书出来，一定高高中试，九一八这类事，与其诉诸国联，诉诸英美，无宁诉诸非洲澳洲那些野蛮人，诉诸高丽，印度安南，那些亡国民，表面看来，似是做翻案文字！实是抄袭威尔逊的落卷，抄袭日本的落卷。

川省未修马路以前，我每次走路，见着推车的、抬轿

的、挑担的，来来往往，如蚂蚁一般，宽坦的地方，安然过去，一到窄路，就彼此大骂，你怪我走得不对，我怪你走得不对，我心中暗暗想道：何尝是走得不对，无非是路窄了的关系。我国组织，政府集中在上面，任你有何种抱负，非握得政权，施展不出来。于是你说我不对，我说你不对，其实非不对也，政治舞台，地位有限，容不了许多人，等于走入窄路一般，无怪乎全国中志士和志士，吵闹不休。

以外交言之，我们当辟一条极宽的路来走，不能把责任属诸当局的几个人，甚么是宽路呢？提出组织弱小民族联盟的主张，这个路子就极宽了，舞台就极大了，任有若干人，俱容得下，在国外的商人、留学生，和游历家，可以直接向弱国民族运动。在国内的，无论在朝在野，无论哪一界，都可担起种种工作。四万万人的目标，集中于弱小民族联盟之一点，根根力线，不相冲突，不言合作，而合作自在其中。这种宽坦的大路可走，政治舞台，只算一小部分，不须取得政权，救国的工作，也可表现出来，在朝党，也就无须吵吵闹闹的了。

民主国人民是皇帝，无奈我国四万万人，不想当英明的皇帝，大家都以阿斗自居，希望出一个诸葛亮，把日本打倒、把帝国主义打倒，四万万阿斗，好坐享其成，我不禁大呼道：陛下误矣，阿斗者亡国之君也，有阿斗就有黄皓，诸葛亮千载不一出，且必三顾而后出，黄皓遍地皆是，不请自来。我国之所以濒于危亡者，正由全国人，以阿斗自居所致。我只好照抄一句出师表曰："陛下不宜妄自菲薄"。我们何妨自己就当一个诸葛亮，自己就当一个刘先帝。我这个厚黑教主，不揣冒昧，自己就当起诸葛亮来。我写的厚黑丛话，即是我的"隆中对"。我希望读者诸君，大家都来充当

第二部 厚黑丛话

诸葛亮,各人提出一种主张,四万万人就有四万万篇"隆中对"。同时我们又化身为刘先帝,成了四万万刘先帝,把四万万篇"隆中对",加以选择。假令把李厚黑的"弱小民族联盟"选上了,我们四万万刘先帝,就亲动圣驾,做联吴伐魏的工作。想出种种法子,去把非洲澳洲那些野蛮国,与夫高丽印度安南那些亡国民,联成一气,向帝国主义进攻。

欲求我国独立,必先求四万万人独立,四万万根力线,挺然时立,根根力线,直射帝国主义者。欲求国之不独立,不可得已。问:四万万力线何以能独立?曰:先求思想独立,能独立乃能合作,我国四万万人不能合作,由于四万万人不能独立之故,不独立则为奴隶,奴隶者,受驱使而已,独立何有!合作何有!

野心家办事,包揽把持,视众人如奴隶,彼所谓抗日者,率奴隶以抗日之谓。既无独立的能力,哪有抵抗的能力。所以我们要想抵抗日本、抵抗帝国主义者,当培植人民的独立性。不当加重其奴隶性。我写这部厚黑丛话,千言万语,无非教人思想独立而已。故厚黑国的外交,是独立外交,厚黑国的政策,是合力政策,军商政学各界的厚黑家,把平日的本事,直接向日本行使,是之谓厚黑救国。

孔子谓子夏曰:"汝为君子儒,无为小人儒"。我教门弟子曰:"汝为大厚黑,无为小厚黑",请问大小厚黑,如何分别?张仪教唆六国,互相攻打,是小厚黑,孙权和刘备,互争荆州,是小厚黑,要管仲和苏秦的法子,才算大厚黑。日本占东北四省,进而想并吞中国,是小厚黑,欧美列强,掠夺殖民地,是小厚黑,鄙人主张运动全世界弱小民族,反抗日本和帝国主义者,才算大厚黑。孟子曰:"小固不可以敌大",我们的大厚黑成功,日本和帝国主义的小厚黑,当然

失败。

我国只要把弱小民族联盟,明定为外交政策,政府与人民,打成一片,全国总动员,一致去做这工作,全国目光,注射国外。成了方向相同的合力线,不但内争消灭,并且抵抗日本和帝国主义者,也就绰然有余裕了。惜乎诸葛武侯死了,恨不得起斯人于地下,而与之细细商榷。

我讲厚黑学,分三步工夫:诸君想还记得,第一步,厚如城墙,黑如煤炭;第二步,厚而硬,黑而亮;第三步,厚而无形,黑而无色。日本对于我国,时而用劫贼式,武力侵夺;时而用娼妓式,大谈亲善,狼之毒,狐之媚,二者具备,所谓厚如城墙,黑如煤炭,它是做到了的,厚而硬,也是做到了的,惟有黑而亮的工夫,他却毫未梦见,曹操是著名的黑心子,而招牌则透亮,天下豪杰集其门,明知其为绝世奸雄,而处处觉得可爱,令人佩服。日本则心子与招牌同黑,成了世界公敌,如蛇蝎一般,任何人看见,都喊"打!打!"所以日本的厚黑学,越讲得好,将来失败越厉害,何以故?黑而不亮故。他只懂厚黑学的下乘法,不懂上乘法,他与不懂厚黑学的人交手,自然处处获胜,若遇着名子,当然一败涂地。

我们组织弱小民族联盟,向帝国主义攻打,本是用的黑字诀,然而用这种方法,是从威尔逊"民族自决"四字,抄袭出来,全世界都欢迎,是之谓黑而亮。闻者必起来争辩道:"威尔逊主义,是和平之福言,是大同主义之初基,岂是面厚心黑之人干得来吗?实行这种主义,尚得谓之厚黑吗?"李疯子闻而叹曰:"然哉!然哉!是谓厚而无形,黑而无色。"

我讲厚黑学,不是有锯箭法和敲锅法吗?我们把弱小民族联盟组织好了,就应用敲锅法,手执铁锤,向诸国说道:"信不信,我这一锤敲下去,叫你这锅立即破裂,再想补也补不起,"口中这样说,而手中之铁锤,则欲敲下,不敲下,这其间有无限妙用,如列强不睬,就略略敲一下,使锅上裂痕增长一点,再不睬,再敲一下。如果日本和列强,要倒行逆施,宰割弱小民族,供他们的欲望,我们就一锤下去,把裂痕增至无限长,纠合全世界被压迫人民,一齐动作起来,十二万万五千万被压迫者,对二万万五千压迫者作战,而孙中山先生之主张,于是乎实施。但是我们着手之初,则在组织弱小民族联盟,把弱联会组织好,然后铁锤在手,操纵自如,在国际上,才能平等自由。

敲锅要有艺术,轻不得,重不得:敲轻了锅上裂痕不能增长,是无益的,敲重了,裂痕太长,补不起,要想轻重适宜,非精研厚黑学不可。戏剧中有"补缸"一出,一锤下去,把缸子打得粉碎,这种敲法,未免太不高明。我们在国际上,如果这样干,岂足以言厚黑学?

我讲厚黑学,曾说:"管仲劝齐桓公伐楚,是把锅敲烂了来补",他那种敲法,是有艺术的,讲到楚之罪名,共有二项:一为周天子在上,他敢于称王,二为汉阳诸姬,楚实尽之,这本是彰彰大罪,乃楚遣使问出师理由,桓公使管仲对曰:"尔贡包茅不入,王祭不共,无以缩酒,寡人是征",又曰:"昭王南征而不复,寡人是问",舍去两大罪,而责问此极不要紧之事,岂非滑天下之大稽?昭王渡汉水,船覆而死,与楚何关,况且事隔数百年,更是毫无理由,管子为天下才,这是他亲自答复的,难道莫得斟酌吗?他是厚黑名家,用敲锅法之初,已留锯箭法地步,假令把楚国真实罪状,宣布出来,叫他把王号削去,把汉阳诸姬的地方退出

来，楚国岂不与齐拼命血战吗？你想长勺之役，齐国连鲁国那种弱国，都战不过，他敢与楚国打硬战吗？只好借周天子之招牌，对楚国轻轻敲一下罢了。

楚是堂堂大国，管仲不敢伤它面子，责问昭王不复一事，故意使楚国有抗辩的余地，楚王可以对臣下说道："他责问二事，其一事，我与他骂转去，骂得他哑口无言，包茅河边芦苇一类东西，周天子是我的旧上司，砍几捆送他就是了。"这也是管仲的妙用。口骂无凭，贡包茅有实物表现。齐桓公于是背着包茅，进之周天子，作为楚国归服的实证。古者国之大事，周天子祀祭的时候，把包茅陈列出来，贴一红纸签，写道："这是楚国贡的包茅"，助祭的诸侯看见，周天子面子岂不光辉光辉！楚国都降伏了，众小国敢有异议吗？

召陵一役，以敲锅法始，以锯箭法终，其妙用如是如是，我们弱小民族联盟，组织好了，就用铁锤，在列强的锅上，轻轻敲它一下，到达相当时机，就锯箭杆了事。到某一时期，再敲一下，箭杆出来一截，又锯一截，像这样不断的敲，不断的锯，待到终局，箭头退出来了，轻轻用手拈去，于是乎锯箭法告终，而锅也补起了。

外交上，原是锯箭法，敲锅法，二者互用，如车之双轮，鸟之双翼，不可偏废。我国外交之失败，其病根在专用锯箭法，自五口通商以来，所有外交，无一非锯箭杆了事。九一八以后，尤然显著，应该添一个敲锅法，才合外交方式，我们组织弱小民族联盟即是应用敲锅法的学理，产生出来的。

现在日本人的花样，层出不穷，杀得我国，只有招架之功，并无还兵之力，并且欲招架而不能，我们应该还它一

第二部 厚黑丛话

手,揭示"弱小民族联盟"的旗帜,你会讲"大亚细亚主义",想把中国吞下去,进而侵略亚洲各国,进而窥视全世界。我们就讲"弱小民族联盟",以中国为主干,而琉球,而高丽,而安南缅甸,而泰国印度,而澳洲非洲,一切野蛮民族。日本把一个大亚细亚主义,大吹大擂,我们也把一个弱小民族联盟,大吹大擂,这才是旗鼓相当,才足以济锯箭法之穷。

民国二年,我在某机关任职,后来该机关裁撤,我与同乡陈健人借银五十元,以作归计。他回信说道:"我现无钱,好在为数无多,特向某人转借,凑足五十元,与你送来。"信末附一诗云:"五十块钱不为多,借了一遍又一遍,我今专人送与你,格外再送一首歌。"我读了,诗兴勃发,不可遏止,立复一信道:"捧读佳作,大发诗兴,奉和一首,敬步原韵,辞达而已,工拙不论,君如不信,有诗为证。诗曰:'厚黑先生手艺多,那怕甑子滚下坡,讨口就打莲花落,放牛我会唱山歌'。诗既成,余兴未已,又作一首:'大风起兮甑滚坡,收拾行李兮回旧窝,安得猛士兮守沙锅'。我出东门,走至石桥赶船,望见江水滔滔,诗兴又来了,又作一首曰:'风萧萧兮江水寒,甑子一去兮不复还。'千古倒甑子的人,闻此歌,定当同声一哭。"

近来军政各机关,常常起大风,甑子一批一批的向坡下滚去,许多朋友,向我叹息道:"安得猛士兮守沙锅。"我说道:我的学问,而今长进了,沙锅无须守,也无须请猛士,只须把你的手杖,向对方的沙锅一敲,他的沙锅打破,你的沙锅,遂巍然独存。你如果莫得敲破对方沙锅的本事,自己的沙锅,断不能保存。

东北四省,及其他地方,被日本占去,国人都有"甑子

"一去不复还"的感觉,见日本积极的侵略,又同声说道:"安得猛士兮守沙锅"。这都是我先年的见解,应当纠正,甑子与沙锅是一物之二名。日本人想把我国的甑子打破,把里面的饭,贮入他的沙锅内,国人只知双手把甑子掩护,真是

第二部 厚黑丛话

干得笨事,我国四万万人,各人拿一根打狗棒,向日本的沙锅敲去,包管发生奇效。问:"打狗棒怎样敲法?"曰:组织弱小民族联盟。

我们对于日本,应该取攻势,不该取守势。对于列强,取威胁式,不取乞怜式。我们组织弱小民族联盟,即是对日本取攻势,对列强取威胁式。日本侵略我国,列强抱不平,对我国表同情,难道是怀好意吗?岂真站在公理立场上吗?日本希望是独占,列强希望是共管,方式虽不同,其为厚黑则一也。为我国前途计,应该极力联合世界弱小民族,努力促成世界大战,被压迫者对压迫者作战,全世界弱小民族,同齐动作,把列强的帝国主义打破,即是把列强的沙锅打破,弱小民族的沙锅,才能保存。

最干脆的办法,是由我国退出"国际联盟",另组一个"世界弱小民族联盟",然而我国在这种环境之下,此项办法,或许为事实不许可,那么,人民与政府,就不妨分头办理。政府在国联中,循着外交常轨,与列强周旋,人民方面,则积极的组织弱小民族联盟。政府与人民,分工合作,政府用锯箭法,应付列强,人民则用补锅法,予于列强一种威胁,你若不讲正义,我就一锤下去,把锅敲烂,造成世界第二次大战,由我国领导全世界被压迫的弱小民族,向全世界的帝国主义进攻。

战争种类有三:

(一)武力战争。

(二)经济战争。

(三)心理战争。

政府领导全国民众,与日本血战,专任武力战争工作。"弱联"这个团体,对日本施以经济制裁,施以道德上之谴

责,专任经济战争,和心理战争工作。威尔逊播下民族自决的种子,一天一天为潜滋暗长,现在快要成熟了,我国出来,当一陈涉,振臂一呼,提出弱小民族联盟的旗帜,与威尔逊主义遥遥相应,全世界弱小民族,当然闻风响应。

国人见国势日危,主张保存国粹,主张读经,这是从根本上治疗了,八股是国粹的结晶体,我的厚黑学,是从八股出来的,算是国粹中的国粹,根本上的根本,我希望读者诸君,细细研究。

中国的八股,有甚深的历史,一般文人,涵濡其中,如鱼在水,所以今人文字,以鼻嗅之,大都作八股气,酸溜酸溜的。章太炎文字,韩慕卢一类八股也;严又陵文字,管韬山一类八股也。康有为文字,"十八科闱墨"一类八股也;梁启超文字,"江汉炳灵"一类八股也。鄙人文字,小社场中,截搭题一类八股也。当代文豪,某某诸公,则是聊斋上的贾奉雉,得了仙人指点,商中经魁之八股也。"诸君莫笑八股酸,八股越酸越革命",黄兴,蔡松坡,秀才也;吴稚晖,于右任,举人也;谭延闿,蔡元培,进士翰林也。我所知的,同乡同学,几个革命专家,廖绪初,举人也;雷铁崖,张列五,谢慧生,秀才也;猗欤!盛哉!八股之功用大矣哉,满清末年,一个八股先生,起而排满革命,我甚愿今之爱国志士,把西洋八股,一火焚之,返而研究中国的八股,才好与我们的仇敌日本,奋斗到底。

唐宋八家中,我最喜欢三苏,因为苏氏父子,俱懂得厚黑学,老泉之学,出于申韩,申子之书不传,老泉嘉祐集,一切议论,极类韩非,文笔之峭厉深刻,亦复相似。老泉嘉言兵,他对于孙子,也很有研究。东坡之学,是战国纵横者流,熟于人情,明于利害,故辩才无疑,嬉怒笑骂,皆成文

第二部 厚黑丛话

章,其为文,诙诡恣肆,亦与战国策文字相似。子由深于老子,若有《老子解》,明李卓吾有言曰:"解老子者众矣,而子由独高。"子由文汪洋淡泊,在八家中,最为平易。渐于黄老者深,其文固应尔尔,《孙子》、《韩非子》和《战国策》,可说是古代厚黑学的三部教科书。《老子》一书,包含厚黑哲理,尤为宏富。诸君如想研究孔子的学说,则孔子所研习的诗经书经易经,不可不熟读。万一想研究厚黑学,只读我的作品,不过等于读孔子的《论语》。必须上读《老子》、《孙子》、《韩非子》和《战国策》诸书,如儒家之读诗书易诸书。把这些书读熟了,参之廿五史和现今东西洋事变,融会贯通,那就有厚黑博士之希望了。

有人问我:厚黑学三字,宜以何字作对?我说:对以道德经三字。李老子的道德经,和李疯子的厚黑学,不但字面可以相对,实质上,二者原是相通的,于何征之呢?有朱子之言可证:《朱子全书》中有云:"老子之学最忍"。他闲时似个虚无卑弱底人,莫教紧要处,发出来,更教你支格不住,如张子房是也。子房皆老氏之学,如晓关之战,与秦联合了,忽乘其懈击之。鸿沟之约,与项羽讲好了,忽回军杀之。这个便是他卑弱之发处,可畏!可畏!他计策不须多,只消两三处如此,高祖之业成矣。依朱子这样说:老子一部道德经,岂不明明是部厚黑学吗?我曾说:"苏东坡的留侯论,全篇以一个厚字立柱",朱子则直将子房之黑字揭出,并探本穷源,说是出于老子,其论尤为精到,朱子认为晓关鸿沟,这些狠心事,是卑弱之发处,足知厚黑二者,原是一贯之事。

厚与黑,是一物体之二面,厚者可以变而为黑,黑者亦可变而为厚。朱子曰:"老氏之学最忍",他以一个忍字,总

117

括厚黑二者。忍于己之谓厚，忍于人之谓黑。忍于己，故闲时虚无卑弱；忍于人，故发出来教你支持不住。张子房替老人拾履，跪而纳之，此忍于己也。晓关鸿沟，背盟弃约，置人于死，此忍于人也。观此则厚黑同源，二者可以互相为变。我特告诉读者诸君，假令有人在你面前，胁肩谄笑，事事要好，你须谨防他变而为黑，你一朝失势，首先堕井下石，即是这类人。又假如有人在你面前，肆意凌侮，诸多不情，你也不须怨恨，你若一朝得志，他自然会变而为厚，在你面前，事事要好。历史上这类事很多，诸君自去考证。

我发明厚黑学，进一步研究，得出一条定理：心理变化，循力学公例而行。有之这条定理，厚黑学就有哲学上之根据了。水之变化，纯是依力学公例而变化，有时徐徐而流，有物当前，总是避之而行，总是向低处流去，可说是世间卑弱之物，无过于水。有时怒而奔流，排山倒海，任何物不能阻之，阻之则立被摧毁，又可说：世间凶悍，无过于水，老子的学说，原是基于此种学理生出来的。其言曰：〔天下之物，莫柔弱于水，而攻坚强者，莫之能先。〕诸君能把这个道理会通，原知老子的道德经，和鄙人的厚黑学，是莫得什么区别的。

忍于己之谓厚，忍于人之谓黑，在人如此，在水亦然。徐徐而流，避物而行，此忍于己之说也。怒而奔流，人物阻挡之，立被摧灭，此忍于人之说也，避物而行，和摧灭人物，现相虽殊，理实一贯。人事与物理相通，心理与力学相通。明乎此，而后可以读李老子的道德经，而后可以读李疯子的厚黑学。

老子学说，纯是取法于水，道德经中，言水者不一而足，如曰："上善若水，水善利万物而不争，处众之所恶，故几于道。"又曰:"江河之所以为百谷者,以其善下之,故能为百谷王",水之变化,循力学公例而行,老子深有契于水,故其学说,以力学公例绳之,无不一一吻合,惟其然也,宇宙事事物物,遂逃不出老子学说的范围,也原是逃不出厚黑学范围。

老子曰:"吾言甚易知,甚易行,天下莫能知,莫能行",这几句话,简直是他老人家,替厚黑学做的赞语。面厚心黑,那个不知道?那个不能做?是谓"甚易知,甚易行"。然而厚黑学三字,载籍中绝未一见,必待李疯子出来才发明,岂非"天下莫能知"的明了吗?我国受日本和列强的欺凌,管厚黑,苏厚黑的法子俱在,不敢拿来行使。厚黑圣人,勾践和刘邦,对付敌人的先例俱在,也不一加研究,岂非"天下莫能行"的明证?

厚 黑 学 HOU HEI XUE

我发明的厚黑学,是一种独立的科学,与诸子百家的学说,绝不相类,但是会通来说,又可说诸子百家的学说,无一不与厚黑学相通。我所讲一切的道理,无一不经别人说过,我也莫有新发明。我在厚黑界的位置,只好等于你们儒家的孔子。孔子祖述尧舜,宪章文武,述而不作,信而好古,他也莫得甚么新发明。然严格言之,儒家学说,与诸子百家,又绝不相类。我之厚黑学,亦如是而已。孔子曰:"知我者,其惟春秋乎,非我者,其惟春秋乎",鄙人亦曰:"知我者,其惟厚黑学乎,罪我者,其惟厚黑学乎"。

老子也是一个"述而不作,信而好古"的人,他书中如"建言有之",如"用兵有言",如"古所谓……"一类话,都是明明白白的引用古书。依朱子的说法,老子一书,确是一部厚黑学。而老子的说法,又是古人遗传下来的。可见我发明的厚黑学,真是贯通古今,可以质诸鬼神而无疑,且并以俟圣人而不惑。

据学者的考证,周秦诸子的学说,无一不渊源于老子,因此周秦诸子,无一不带点厚黑学气味。我国诸子百家的学说,当以老子为总代表,老子之前,如伊尹,如太公,如管子诸人,汉书艺文志,都把他列入道家,所以前乎老子,和后乎老子者,都脱不了老子的范围,周秦诸子之中,最末一人,是韩非子,与非同时,虽有吕览一书,但此书是吕不韦的宾客纂集的,是一部类书,寻不出主名,故当以韩非为最末一人。非之书有《解老》、《喻老》两篇,把老子的话,一句句的解释,呼老子为圣人。他的学问,是直接承述老子的。所以说:"刑名原于道德"。由此知,周秦诸子,彻始彻终,都是在研究厚黑学这种学理,不过莫有发明厚黑这名词罢了。

第二部 厚黑丛话

韩非之书,对于各家学说,俱有批判,足知他于各家学说,都一一研究过,为后才独创一派学说。商鞅言法,申子言术,韩非则合法术而一之,是周秦时代,法家一派之集大成者。据我看来,他实是周秦时代,集厚黑学之大成者。不过其时莫得厚黑这个名词,一般批评者,只好说他惨烈罢了。

老子在周秦诸子中,如昆仑山一般,一切山脉,俱从此处发出。韩非则如东海,为众河流之总汇处。老子言厚黑之证,韩非言厚黑之用。其他诸子,则为一支山脉,或一支河流,于厚黑哲理,都有发明。

道法两家的学说,根本上原是相通。敛之则为老子之清静无为,发之则为韩非子惨烈。其中骗途,许多人都看不出来。朱子是好学深思的人,独看破此点,他指出张子房之可畏,是他卑弱的发处,算是一针见血之语。卑弱者,敛之之时也,所谓厚也。可畏者,发之之时也,所谓黑也。即厚与黑,原不能歧而为二。

道法两家,原是一贯,故司马迁修史记,以老庄申韩,合为一传。后世一孔之儒,只知有一个孔子,于诸子学术源流,茫乎不解,至有谓李耳与韩非同传,不伦不类,力诋史迁之失,真是梦中呓语。史迁父子,是道家一派学者,所著《六家要指》字字是内行话。史迁论大道则先黄老。老子是他最崇拜的人,他把老子和韩非同列一传,岂是莫得道理吗?还待后人为老子抱不平吗?世人连老子和韩非的关系,都不了解,岂足上窥厚黑学,宜乎李厚黑又名李疯子也。

厚黑这个名词,古代莫得,而这种学理,则中外古今,人人都见得到。有看见全体的,有看见一部分的,有看得清清楚楚的,有看得依稀恍惚的,所见形态千差万别,所定的

名词，亦遂千差万别。老子见之，名之曰道德；孔子见之，名之曰仁义；孙子见之，名之曰庙算；韩非见之，名之曰法术；达尔文见之，名之曰竞争；俾斯麦见之，名之曰铁血；马克思见之，名之曰唯物；其信徒威廉见之，名之曰生存。其他哲学家，各有所见，各创一名，真所谓"横看成岭侧成峰，远近高低无一同，不见庐山真面目，只缘身在此山中。"

有人诘问我道："你们主张'组织弱小民族联盟，向列强攻打'，这本是一种主义，你何得呼之为厚黑？"我说：这无须争辩，即如天上有两个月亮，从东边溜到西边，从西边溜到东边，溜来溜去，昼夜不停，这两个东西，我们国人，呼之为日月，英国人，则呼之为 Sun、Moon，名词虽不同，其所指物则一。我们看见英文中之 Sun、Moon 二字，即译为日月二字。读者见了我的厚黑二字，把他译成正义二字也可，即译为之道德二字或仁义二字，也无不可。

周秦诸子，无一人不是研究厚黑学理，惟老子窥见至深，故其言最为玄妙，非有朱子这类好学深思的人，看不出老子的学问，非有张子房这类身有仙骨的人，又得仙人指点，不能把老子的学问，用得圆转自如。

周秦诸子，表面上，众喙争鸣；里子里，同是研究厚黑哲理。其学说能否适用，以所含厚黑成分多少而断。老子和韩非二书，完全是谈厚黑学，所以汉文行黄老之术，郅治为三代下第一，武侯以申韩之术治蜀，相业为古今所称赞。孙吴苏张，于厚黑哲理，俱精研有得，故孙吴之兵，战胜攻取；苏秦张仪，出面游说，天下风靡。由是知：凡一种学说，含有厚黑哲理者，施行出来，社会上立即发生重大影响，儒家高谈仁义，仁近于厚，义近于黑，所得厚黑者不过近似而已。故用儒术治国，不痒不痛，社会上养成一种大肿

第二部 厚黑丛话

病,儒家强我之解曰:"王道无近功",请问汉文帝在位,不过二十三年,武侯治蜀,亦仅二十年,于短期间收大效,何以会有近功?难道汉文帝是用的霸术吗?诸葛武侯,岂非后儒称为王佐之才吗?究竟是什么道理?请儒家有以语我来。厚黑是天性中固有之物,周秦诸子无一窥见此点。我也不能说儒家莫有窥见,惜乎窥见太少,此其所以"博而寡要,劳而少功"也,此其所以"迂远而阔于情事"也。

黄老申韩,是厚黑学的嫡派,孔孟是反对派。吾国二千余年以来,除汉之文景,蜀之诸葛武侯,明之张江陵而外,皆是反对派执政,无怪乎治日少而乱日多也。

我深恨厚黑之学不明,把好好一个中国,闹得这样糟,所以奋然而起,大声疾呼,以期唤醒人世,每日在报纸上,写厚黑丛话一二段,等于开办一个厚黑学的函授学校,经我这样的努力,果然生了点效,许多人向我说道:"我把你所说的道理,证以亲身经历的事项,果然不错。"又有个朋友说道:"我把你发明的原则去读《资治通鉴》,读了几本,觉得处处俱合。"我听见这类话,知道一般人已经有了厚黑常识,程度渐渐增高,我讲的学理,不能不加深点,所以才谈及周秦诸子的学说,见得我发明的厚黑学,不但证以一部二十五史,处处俱合,就证以周秦诸子的学说,也无一不合。读者诸君,倘有志斯学,请细细研究。

教授学生,要用启发式,自修式。最坏的是注入式。我民国元年,发表厚黑学,只举曹操、刘备、孙权、刘邦、司马懿几人为例,其余的,叫读者自去搜寻,我写的厚黑经,和厚黑传习录,也只简简单单的举出纲要,不一一详说,恐流于注入式,致减读者自修能力。此次我说:周秦诸子的学说,俱含厚黑哲理,也只能说个大概,让读者自去研究。

《诗经》、《书经》、《易经》、《周礼》、《仪经》等书，是儒门的经典，凡想研究儒学的，这些书不能不熟读。周秦诸子的书，是厚黑学的经典，如不能遍读，可先读《老子》、《韩非》二书。知道了厚黑学的作用，再读诸子之书，自是头头是道。凡是研究儒家学说的人，开口即是"诗曰，书曰"。鄙人讲厚黑哲理，不时也要说几句："老子曰，韩非曰。"

四书五经，虽是外道的书，尚能用正法眼读之，也可寻出许多厚黑哲理。即如孟子书上的"孩提爱亲"章，岂非儒家学说的基础吗？鄙人就此章书，细加研究，反成了厚黑学的哲学基础，这是鄙人治厚黑学的秘诀，诸君有志斯学，不妨这样的研究。

第三部

附录

我对圣人之怀疑

世间顶怪的东西,要算圣人,三代以上,产生最多,层见叠出,同时可以产生许多圣人!三代以下,就绝了种,并无产生一个,秦汉以后,想学圣人的,不知有几千百万,结果莫得一个成为圣人,最高的不过到了贤人地位就止了。请问圣人这个东西,究竟学不学得到?如说学得到,秦汉而后,那么多人学,至少也该出一个圣人。如果学不到,我们何苦朝朝日日,读他的书、拼命地学。

三代上有圣人,三代下无圣人,这是古今最大怪事,我们通常所称的圣人,是尧舜禹汤文武周公孔子。我们把他们分析一下,只有孔子一人是平民,其余的圣人,尽是开国之君,并且是后世学派的始祖,他的破绽,就现出来了。

原来周秦诸子,各人持制一种学说,自以为寻着真理了,自信如果见诸实行,立可救国救民,无奈人微言轻,无人信从。他们心想,人类通性,都是悚慕权势的,凡是有权势的人说的话,人人都肯听从,世间权势之大者,莫如人君,尤其如开国之君,兼之那个时候的书,是竹简做的,能够得书读的很少,所以新创一种学说的人,都说道:我这种

第三部　附　录

主张，是见之书上，是某个开国之君，遗传下来的。于是道家托于黄帝，墨家托于大禹，倡并耕的托于神农，著本草的也托于神农，著医学的，著兵书的，俱托于黄帝。此外百家杂技，与夫各种发明，无不托于开国之君。孔子生当其间，当然也不能违背这个公例，他所托的更多，尧舜禹汤文武之外，更把鲁国开国的周公加入，所以他是集大成之人。周秦诸子，个个都是这个办法，拿些嘉言德行，与古帝王加上去，古帝王坐享大名，无一个不成为后世学派之祖。

周秦诸子，各人把各人的学说发布出来，聚徒讲授，各人的门徒，都说我们的先生是个圣人，原来圣人二字，在古时并不高贵，依庄子天下篇所说，圣人之上，还有天人神人至人的名称，圣人列在第四等，圣字的意义，不过是"闻声知情，无事不通"罢了，本来是聪明通达的人，都可呼之为圣人，犹之古时的朕字一般，人人都称得，后来把朕字圣子，收归御用，不许凡人冒称，朕字圣字，才高贵起来。周秦诸子的门徒，尊称自己的先生是圣人，也不僭妄，孔子的门徒，说孔子是圣人，孟子的门徒，说孟子是圣人，老庄杨墨诸人，当然也有人喊他为圣人，到了汉武帝的时候，表彰六经，罢黜百家，从周秦诸子中，把孔子挑选出来，承认他一人是圣人，诸子的圣人名号，一齐削夺，孔子就成为御赐的圣人了；孔子既成为圣人，他所尊崇的尧舜禹汤文武周公，当然也成为圣人，所以中国的圣人，只有孔子一人平民，其余的都是开国之君。

周秦诸子的学说，要依托古之人君，也是不得已而为之，这可举例证明：南北朝，有个张天简，把他的文字，拿与卢诩看，卢诩痛加诋斥，随后天简把文改作，托名沈约，又拿与卢诩看，他就读一句，称赞一句；清朝陈修园，著了

一本医学三字经,某初托名叶天士,及到其书流行了,才改归己名,有修园的自序可证。从上列两事看来,假使周秦诸子,不依托开国之君,恐怕我们的学说,早已消灭,岂能传到今日。周秦诸子,志在救世,用了这种办法,他们的学说,才能进行,后人受赐不少,我们对于他们是应该感谢的,但是为研究真理起见,他们的内幕,是不能不揭穿。

孔子之后,平民之中,也露出了一个圣人,此人就是人人知道的关羽!凡人死了,事业就完毕,惟有关羽死了之后,还干了许多事业,竟自挣得圣人的名号,又著有《桃园经》、《觉世真经》等书,流传于世。孔子以前,那些圣人的事业与典籍,那恐怕也与关羽差不多。

现在乡僻之区,偶然有一人,享了小小富贵,讲因果的,就说他阴功积得多。讲堪舆的,就说他坟地葬得好,看相的,算命的,就说他面貌生庚,与众不同。我想古时的人心,与现在差不多,大约也有讲因果的人,看见那些开基立国的帝王,一是说他品行如何好,道德如何好,这些说法,流传下来,就成为周秦诸子著书的材料了。兼之,凡人皆有成见,心中有了成见,眼中所见东西,就改变形象,带绿色眼镜的人,凡见物皆成绿色,带黄色眼镜的人,凡见物皆成黄色。周秦诸子,创了一种学说,用自己的眼光,去观察古人,古人自然会改变形象,恰与他的学说符合。

我们权且把圣人中的大禹,提出来研究一下,他腓无肢,胫无毛,尤其黔首,颜色鳌黑,宛然是摩顶放踵的兼爱家。韩非子说:"禹朝诸侯于会稽,防风氏之君后至而禹斩之",他又成了执法如山的大法家。孔子说:"禹吾无间然矣,菲饮食而致孝乎鬼神,恶衣服而致美乎黻冕,卑室而尽力乎沟洫。"俨然是恂恂儒者,又带点栖栖不已的气象。读魏

晋以后禅让文,他的行径,又与曹丕刘裕诸人相似。宋儒说了他惟精惟一的心传,他又成了一个析义理于毫芒的理学家。杂书上说他娶涂山氏之女,是狐狸精,仿佛是聊斋上的公子书生。说他替涂山氏造傅面的粉,又仿佛是画眉的风流张敞。又说他治水的时候,骗得神怪,有点像《西游记》上的孙行者,《封神榜》上的姜子牙。据宗吾的眼光看来,他始而忘亲事仇,继而夺仇人的天下,终而把仇人逼死苍梧之野,简直是厚黑学中的重要人物。他这个人光怪陆离,真是莫名其妙,其余的圣人,其神妙也与大禹差不多,我们略加思索,圣人的内幕,也就可了然了。因为圣人是后人的幻想结成的人物,各人的幻想不同,所以各人的形状,有种种不同。

我做了一本厚黑学,从现在逆推到秦汉是相合的,又逆推到春秋战国,也是相合的,可见从春秋以至今日,一般人的心理,是相同的。再追到尧舜禹汤文武周公,就觉得他们的心理,神妙莫测,尽都是天理流行,惟精惟一,厚黑学是不适用的。大家都说三代下人心不古,仿佛三代上的人心,与三代下的人心,成为两截,岂不是很奇怪吗?其实并不奇:假如文景之世,也用汉武帝的办法,把百家罢黜了,单留老子一人,说他是个圣人,老子推崇的黄帝,当然也是圣人,于是乎平民之中,只有老子一人是圣人,开国之君,只有黄帝一人是圣人。老子的心,"微妙玄通,深不可测",黄帝的心也是"微妙玄通,深还不可识"。"其政闷闷,其民淳淳",黄帝而后,人心就不古了。尧夺哥哥的天下,舜夺妇翁的天下,禹夺仇人的天下,成汤文武臣叛君。周公以弟杀兄,我那本厚黑学,直可逆推到尧舜而止。三代上的人心、三代下的人心就融合一片了。无奈再追溯上去,黄帝时代的人心,与尧舜而后的人心,还是要成为两截的。

假如老子果然像孔子那样际遇。成了御赐的圣人。我想孟轲那个亚圣名号,一定会被庄子夺去。我们读的四子书,一定是

老子庄子列子及尹子，所读的经书，一定是灵枢素问，孔孟的书，与管商申韩的书，一齐成为异端，束诸高阁，不过遇到好奇的人，偶尔翻来看看，大学中庸在礼记内，与王制月令并列，人心惟危十八字，混在曰若稽古之内，也就莫得甚么精微奥妙了。后世讲道学的人，一定会向道德经中，玄牝之门，埋头钻研，一定又会造出天玄人玄，理牝欲牝，种种名词互论。依我想，圣人的真相，不过如此。（著者按：后来我偶翻太玄经，见有天玄地玄人玄等名词，惟理牝欲牝的名词，我还未看见。）

儒家的学说，以仁义为立足点，定下一条公例，"行仁义者昌，不行仁义者亡"，古今成败，能合这个公例的，就引来做证据，不合这个公例的，就置之不论。举个例来说：太史公殷本记说："西伯归乃阴修德行善"，周本记说："西伯昌阴行善"，连下两个阴字，其作用就可想见了。齐世家更直截了当地说："西柏之脱归义理，与吕尚阴谋修德，以倾商政，其事多兵权与奇计"，可见文王之行道义，明明是一种权术，何尝是实心为民，儒家见文王成了功，就把他推尊得不得了。徐偃王行仁义，汉东诸侯、朝者三十六国，荆文王恶其害己也，举兵灭之，这是行仁义失败了的，儒学就绝口不提。他的论调，完全与乡间讲因果报应的一样，见人富贵，就说他积得有阴德，见人触电死了，就说他忤逆不孝，惟其本心，固是劝人为善，其实真正的道理，并不是那样。

古人的圣人，真是怪极了。卢芮赞成脚踏圣人的土地，立即洗心革面，圣人感化人，有如此神妙，我不解管蔡的父亲是圣人，母亲是圣人，哥哥弟弟是圣人，因四面八方被圣人围住了，何以中间会产生鸱鸮。

李自成是个流贼，他进了北京，寻着崇祯帝后的尸体，载以宫扉，盛以柳棺，放在东华门，听人祭奠。武王是个圣人，他走至纣死的地方，射他三箭，取黄钺握头斩下来，悬在太白旗上，他们

第三部 附 录

爷儿,曾在纣名下称道几天臣,做出这宗举动,他的品行,公然也成为惟精惟一的圣人,真是妙极了!假使莫得陈圆圆的那场公案,吴三桂投降了,李自成岂不成为太祖高皇帝吗?

太王实始翦商,王季文王继之,孔子称武王太王王季文王之绪,其实与司马炎,缵懿师昭之绪何异,所异者,一个生在孔子前,得了世世圣人之名,一个生在孔子后,得了世世逆臣之名。

后人见圣人做了不道德之事,就千方百计,替他开脱,到了证据确鉴,无从开脱的时候,就说以上的事迹,出于后人附会,这个例是孟子开的,他说:至以仁伐至不仁,断不会流血的事,就继定楚成王血流漂杵那句话是假的,我们从殷民三叛,多方大诰,那些文字看来,可知伐纣之时,血流漂杵不假,只怕"以至仁伐至不仁"那句话有点假。

子贡曰:"纣之不善,不如是之甚也,是以君子恶居下流,而天下之恶皆归焉"。我也说:"尧舜禹汤文武周公之善,不如是之甚也,是以君子显居上流,而天下之美皆归焉。"若把下流二字改作失败,把上流二字改为成功,更觉确切。

古人神道设教,祭祀的时候,叫一个人当尸,向众人指说:"这就是所祀之神",众人就朝着他磕头礼拜。同时又以圣道设教,对众人说:"我的学说,是圣人遗传下来的"。有人问:"哪个是圣人?"他就顺手指着尧舜禹汤文武周公说道:"这就是圣人。"众人也把他当作尸一般,朝着他磕头礼拜。后来进化了,人民醒悟了,祭祀的时候,就把尸撤消,惟有圣人的迷梦,数千年未醒,尧舜禹汤文武周公,竟受了数千年的崇拜。

讲因果的人,说有个阎王,问"阎王在何处?"他说:"在地下。"讲理学的人,说有许多圣人,问"圣人在何处?"他说"在古时"。这怪物,都是只可意为想像,不能目睹,不能证实,惟其不能证实,他的道理就越是玄妙,信从的人,就越多。在创造这种议论的人,本是劝人为善,其意固可嘉,无如

131

事实不真确,就会生出流弊。因果之弊,流为拳匪,圣人之弊,使真理不能出现。

汉武帝把孔子尊为圣人过后,天下的言论,都折衷于孔子,不敢违背。孔融对于父母问题略略讨论了一下,曹操就把他杀了。嵇康菲薄汤武,司马昭把他杀了。儒教能够推行,全是曹操司马昭一般人维持之力,后来开科取士,读书人若不读儒家的书,就莫得进身之路。一个死孔子,他会左手拿官爵,右手拿江山,哪得不成为万世师表。宋元明清学案中人物,他们的心坎上,都是孔圣人马蹄脚下的人物,受了圣人的摧残,他们的议论,焉得不支离穿凿,焉得不迂曲难通。

中国的圣人,是专横极了。他莫有说过的话,后人就不敢说,如果说出来,众人听说他是异端,就要攻击他。朱子发明了一种学说,不敢说是自己发明的,只好说孔门的格物致知,加一番解释,说他的学说,是孔子嫡传。然后才有人信从。王阳明发明了一种学说,也只好把格物致知,加一番解释,然后以附会自己的学说,说朱子讲错了,他的学说,才是孔子嫡传。本来朱王二人的学说,都可以独树一帜,无须依附孔子,无知处于孔子势力范围之内,不依附孔子,他们的学说,万万不能推行。他二人费尽心力去依附,当时的人还说是伪学,受重大的攻击,圣人专横到了这种地步,怎么能把真理研究传出来。

韩非子说得有个笑话:"郢人致书于燕相国,写书的时候,天黑了,喊:'举烛',写书的人就写上举烛二字。把书送去,燕相得书,想了许久,说道:'举烛是尚明,尚明是任用贤人的意思',以是说进之燕王,燕王用他的话,国遂大治,虽是收了效,却非原书本意。"所以韩非说:"先王有郢书,后世多燕说。"究竟格物致知四字,是何解释,恐怕只有手著大学的人才明白,朱王二人中,至少有一人免不脱"郢书燕说"的批

评。岂但格物致知四字，恐怕十三经注疏，皇清经解，宋元明清学案里面，许多妙论，也逃不脱"郢书燕说"的批评。

学术上的黑幕，与政治上的黑幕，如一样；圣人与君王，是一胎双生的，处处狼狈相依，圣人不仰仗君王的威力，圣人就莫得那么尊崇；君主不仰仗圣人的学说，君主也莫得那么猖獗，于是君主把他的名号分给圣人，就称起王来了；圣人把他的名号分给君主，君主就称起圣来了。君主钳制人民的行动，圣人钳制人民的思想。君主便下一道命令，人民都要遵从，如果有人违背，就算是大逆不道，为法律所不容。圣人任便发一种议论，学者都要信从，如果有人批驳了，就算是非圣无法，为清议所不容。中国的人民，受了数千年君主的摧残压迫，民意不能出现，无怪乎政治紊乱。中国的学者，受了数千年圣人的摧残压迫，思想不能独立，无怪乎学术消沉。因为学说有差误，政治才有黑暗，所以君主之命该革，圣人之命尤其该革。

我不敢说孔子的人格不高，也不敢说孔子的学术不好，我只说除了孔子，也还有人格，也还有学说。孔子并没有压制我们，也未言禁止我们别创异说，无如后来的人，偏要抬出孔子，压倒一切，使学者的意思，不敢出孔子的范围之外。学者心坎上，被孔子占据久了，理应把他推开，思想才能独立，宇宙真理，才研究得出来。前时，有人把孔子推开了，同时达尔文诸人就闯进来，盘踞学者心坎上，天下的言论，又折衷于达尔文诸人，成一个变形的孔子，执行圣人的任务。有了违反他们的学说，又算是大逆不道，就要被报章杂志，骂个不休。如果达尔文诸人去了，又会有人出来，执行圣人的任务，他的学说，也是不许人违反的。依我想：学术是天下公务，应该听人批评，如果我说错了，改从他人之学说，于我也无伤，何必取军阀态度，禁人批评。

凡事以平为本，君主对于人民不平等，故政治上生纠葛；

圣人对于学者不平等，故学术上生纠葛。我主张把孔子降下来，与周秦诸子并列。我与阅者诸君，一齐参加进去，与他们平坐一排，把达尔文诸人，欢迎进来，分庭抗礼。发表意见，大家磋商，不许孔子达尔文诸人高踞我们之上，我们也不高踞孔子达尔文之上，人人思想独立，才能把真理研究得出来。

我对于圣人既已怀疑，所以每读圣人之书，无任怀疑，因定下读书三诀，为自己攻读步骤，用兹附录于下：

第一步，以古为敌：读古人之书，就规此人为我之劲敌，有了他，就莫得我，非与他血战一番不可，逐处寻他缝隙，一有缝隙即便攻入；又代古人设法抗拒，愈战愈烈，愈攻愈深。必要如此，读书方能入理。

第二步，以古为友：我若读书有见地，即提出一种主张，与古人的主张对抗，把古人当如良友，相互切磋。如我的主张错了，不妨改从古人；如古人主张错了，就依著我的主张，向前研究。

第三步，以古为徒：著书的古人，学识肤浅的很多，如果我自信学力在那些古人之上，不妨把他们的书，拿来评阅，当如评阅学生文字一般，说得对的，与他加几个密圈，说得不对的，与他划几根杠子。世间俚语村言，含有妙趣的，尚且不少，何况古人的书，自然有许多至理存乎其中。批评越多，知识自然越高，这是普通所说的教学相长了。如遇一个古人，知识与我相等，我就把他请出来，以老友相待，如朱晦菴蔡元定一般。如遇有知识在我之上的，我又把他认为劲敌，寻他的缝隙，看攻击得进不进。

我虽然定三步功夫，其实并没有做到，自己很觉抱愧，我现在正做第一步功夫，想进第二步，还未达到，至于第三步，自量终身无达到之一日，譬如行路，虽然把路径寻出，无奈路太长了，脚力有限，只好努力前进，走一截，算一截。

第四部

心理与力学

厚 黑 学 HOU HEI XUE

心理与力学

我们千万不可忘记,民国九年,是宗吾思想发展史上的新纪元。他的厚黑学,实在说,是渊源于荀子性恶说的,在学理上,也不能说是没有根据,但在这时,他自己也觉得这种根据的不满足了。一日,他与同学曾圣瞻在茶馆内闲谈,圣瞻就向宗吾道:"朋辈中要算你的思想最锐敏,你何必老是用在开玩笑方面呢?应该好好的研究一种学理,如果有所发明,也是朋辈的光荣啊。"

他对这话深为感动;又从厚黑学作进一步的研究。他以为厚黑学与心理学有关,乃遍寻中外心理学诸书来阅读,久之亦无所得。他既陷于茫然无所适从,于是索性将古人今人的说法,尽行扫去,另用物理学的规律,来研究心理学。

一日,在街上行走,忽然觉得人的天性,以"我"字为本位,仿佛面前有许多圈子,将"我"围住,层层放大,有如磁场一般;而人心的变化,处处是循着力学规律走的,从古今事迹上、现今政治上、日用琐事上、自己心坎上、理化数学上、西洋学说上,四面八方印证起来,处处觉得

第四部　心理与力学

可通，在这时候，大有禅宗顿悟的光景，其时爱因斯坦的"相对论"已传至中国，我将爱氏的学说，和牛顿的学说，应用到心理学上，创一臆说："心理依力学规律而变化。"就在这一年中，写一专论，标题为"心理与力学"，将人世一切事变，悉用力学和数学来解释。后经十余年的研究，补充整理，才扩大为一专书问世，此书就算是我思想的中心。

　　当时，我既创出这一臆说，便想使之成为公例。我首先从孟荀的"人性论"研究起，孟子说："孩提之童，无不知爱其亲也，及其长也，无不知敬其兄也。"我说这个说法，就是有破绽的。试任请一位当母亲的，把她亲生的孩子抱出来，当众试验，如母亲抱着他吃饭，他就伸手来拖母亲的碗，若不提防，就会把碗打碎，这种现象，何尝是爱亲？又母亲手中拿一块糕饼，小孩见了，就伸手去夺，如不给他，放在自己口中，他立刻会伸手从母亲口中取出，放在他的口中，这种现象，又算不算爱亲？当小孩在母亲怀中吃东西的时候，哥哥走近前，他就推他打他，这种举动，又何尝是敬兄？五洲万国的小孩，无一不如此。事实上既有了这种现象，孟子的性善说，岂不是显然有破绽吗？然则孟子所说的"孩提爱亲，及长敬兄"，究竟从什么地方生出来的？要解释这个问题，只好用研究物理学的法子去研究。

　　盖人的天性，以"我"为本位，我与母亲相对，小儿只知有我，故从母亲口中，把糕饼取出，放在自己口中。母是哺乳我的人，哥哥是分我食物的人，把母亲与哥哥比较，觉得母亲与我更接近，所以小儿就爱母亲。稍长的时候，与邻人相遇，把哥哥与邻人比较，觉得哥哥与我更接

近，自然就爱哥哥。

由此推之，走到异乡，就爱邻人；走到异省，就爱本省人；走到外国，就爱本国人，其间有一定的规律。他的规律，是距我越近，爱情越笃，爱情与距离成反比例。

可见孟子所说的爱亲敬兄，内部藏了一个"我"字，不过没有说明出来；若是补个"我"字进去，绘图一看，就自然明白了。如图一，第一圈是我，第二圈是亲，第三圈是兄，第四圈是邻人，第五圈是本省人，第六圈是本国人，第七圈是外国人，这个圈，就是人心的现象。这个现象，很像物理学上讲的磁场一般，其规律与地心引力相似。由此知人的心性，与磁电相同，与地心引力相同，故牛顿所创的公例，可运用于心理学。

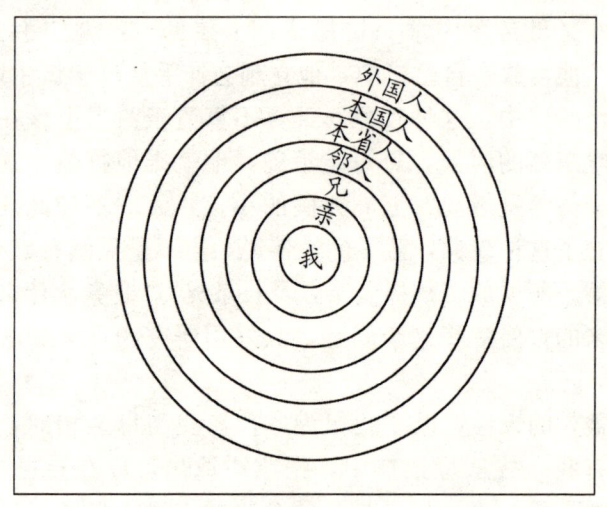

图 一

第四部　心理与力学

但上图是否正确，还须加以考验，假如暮春三月，我们约同二、三友人，出外游玩，看见山明水秀，心中非常愉快，走至山水粗恶的地方，心中就不免烦闷，这是什么缘故呢？因为山水是物，我也是物，物我本是一体，所以物类好，心中就愉快，物类不好，心中就不愉快。又走至一个地方，见地上许多碎石，碎石之上，落花飘零，心中对于落花，不胜悲感，对于碎石，则不甚注意。这是什么缘故呢？因为石是无生之物，花与我同是有生之物，所以常常有人作落花诗、落花赋，而不作碎石歌、碎石行；古今诗词中，吟咏落花，推为绝唱者，无一不是连同人生来描写的。

假如落花之上，卧一将毙之犬，哀鸣宛转，入耳惊心，立把悲感落花之心打断。这是什么缘故呢？因为花是植物，犬与我同是动物，故不知不觉，对于犬特表同情。又假如途中见一狰狞恶犬拦着一人狂噬，那人持杖乱击，当此人犬相争之际，我们只有帮人之忙，断不会帮犬之忙。这是什么缘故呢？因为犬是兽类，我与那人同是人类，故不知不觉，对于人更表同情。

我与友人分手归家，刚一进门，便有人跑来报道：你先前那个友人，走在街上，同一个人打架，正在难解难分；我听了立即奔往营救，本是人与人打架，因为友谊的关系，故我只能营救友人。我把友人拉至我的书房，询问他打架的原因，正在倾耳细听，忽然房子倒下来，我先急忙跳出门外，回头再喊友人道：你还不跑出来吗？请问一见房子倒下，为什么不先喊友人跑，必待自己跑出门了，才回头来喊友人呢？这就是人的天性，以"我"为本位的明证。

我们把上述事实，再绘如图二：第一圈是我，第二圈是

139

友,第三圈是他人,第四圈是犬,第五圈是花,第六圈是石。其规律是"距我越远,爱情越减,爱情和距离成反比"。此图与前图是一样的。

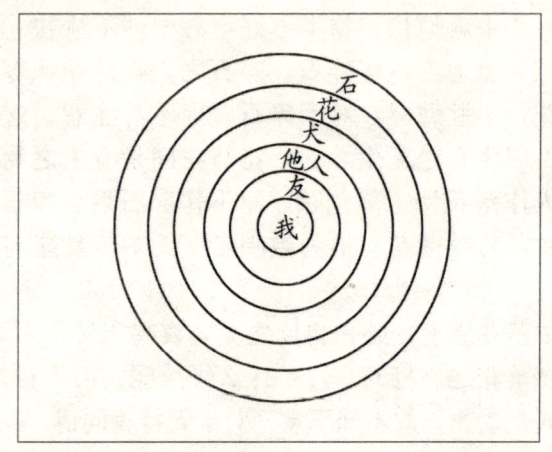

图二

此图所设的境界,与前图全不相同,而得出的结果,还是一样,足证天然之理,实是如此。今再总而言之:凡有二物,同时呈于吾前,我心不假安排,自然会以"我"为本位,视距离我的远近,定爱情的厚薄,正与地心吸力,无有区别。

孟子主张性善,还有一个证据,他说:"今人乍见孺子将入于井皆有怵惕恻隐之心。"其中的破绽,就在文字上都可看得出来。他上文明明提出"怵惕恻隐"四字,何以下文只说"恻隐"不说"怵惕"了呢?这就是一个破绽。怵惕是惊惧的意思,其源出于"我"字。当乍见孺子将入井的时候,心目中共有三物,一是"我",二是"孺子",三是

第四部 心理与力学

"距我越远,爱情越减"

"井"。我与孺子,同是人类,井是无生之物。见孺子将入井,突有一"死"的现象呈于吾前,所以会怵惕,接着便向孺子表同情不能向井表同情;但必须先有我,才有孺子,因为我怕死,才觉得孺子入井是不幸的事。假如我不怕死,就叫我自己入井,也认为无足轻重的事,不会起怵惕之心;看见孺子将入井,当然也认为无足轻重的事,断不会有恻隐之心。没有我,即没有孺子,没有怵惕,即没有恻隐。孺子是我的放大形,恻隐是怵惕的放大形。

孟子教人把恻隐之心扩充起来,本是很好的;只是少说了这样一句:"恻隐是怵惕扩充出来的"。于是就启后人的误会,生出流弊来。尤其是后来的宋儒,未能察出此点,以为恻隐是人性的本源,忘却恻隐之上,还有怵惕二字,一切议论,以恻隐为出发点,不以怵惕为出发点,就未免泯灭人性了,他们的学问,以去人欲存天理为入手工夫,于是竟把怵惕认为人欲,想尽法子铲除,那便是怵惕存恻隐了;殊不知怵惕是恻隐的来源,把怵惕去了,怎么会有恻隐呢?

程子的门人,专做"去人欲"的工作,即是专做"去怵惕"的工作,门人中有吕原明者,乘轿渡河坠水,从者溺死,他安坐轿中,漠然不动,他是去了怵惕的人,所以见从者溺死,不生恻隐心。程子这派学说传至南渡,张南轩的父亲张魏公,苻离之战,丧师十数万,终夜鼾声如雷,南轩还夸他父亲的心学很精,张魏公也是去了怵惕的人,所以死人如麻,不生恻隐心。程子自己,自然的去了怵惕的人,所以发出"妇人饿死事小,失节事大"的议论,无怪戴东源说宋儒是"以理杀人"。

人类的心理,是依力学规律而变化的。力有离心向心二种:第一图层层向外发展,是离心的现象;第二图层层向内收缩,是向心力的现象。孟子站在第一图里面,向外看去,见得凡人的天性,都是孩提爱亲,稍长爱兄,再进则爱邻人,爱本省人,爱本国人,层层放大,如果再放大,还可放至爱人类爱物类为止,因断定人性是善的,总是叫人把这种固有的善性扩充起来。荀子站在第二图外面,向内看去,见得凡人的天性,都是看见花就忘了石,看见了犬就忘了花,看见人就忘了犬,看见朋友就忘了他人,层层缩小,及至房

142

子倒下来，赤裸裸的只有一个我，连至好的朋友都忘去了。

因断定人性是恶的，总是叫人把这种固有的恶性抑制下去。实则这种现象，无关于性善性恶，只须假定："心理依力学规律而变化"，把牛顿的引力说、爱因斯坦的相对论，应用到心理学上，把心理物理，打成一片去研究，岂不简便而明确吗？何苦将性善性恶的名词，哓哓然争论不休呢？

孟子所说的爱亲敬兄，所说的怵惕恻隐，内部俱藏有一个"我"字；但他总是从第二圈说起，对于第一圈之"我"，则略而不言。杨朱取"为我"，算是把第一圈明白揭出了；但他却专在第一圈上用功，第二圈以下各圈，则置之不管，墨翟摩顶放踵，是抛弃了第一圈之我，主张爱无差等，是不分大圈小圈，统画一极大之圈了事，杨子有了小圈，就不管大圈；墨子有了大圈，就不管小圈。他们两家，都不知道：天然现象是大圈小圈层层包裹的。

孟荀二人，把层层包裹的现象看见了；但孟子说是层层放大，荀子说是层层缩小，就不免流于一偏。我们取杨子的"我"字，作为中心点，在外面加些差等的爱，就与天然现象相合了。

至于宋儒"走私"之说，也应当加以分析的研究。私对公而言，二者是相对的，不是绝对的。假使只知有我，不顾妻子，环吾身画一圈，妻子必说我徇私；于是把"我"字这个圈撤去，环妻子画一个圈，而弟兄在圈之外，弟兄又说我徇私；于是把"妻子"这个圈撤去，环弟兄画一个圈，而邻人在圈之外，人又说我徇私；于是把"弟兄"这个圈撤去，环邻人画一个圈，而国人在圈之外，国人又说我徇私；于是只好把"国人"这个圈撤去，环人类画一个大圈，才可以说是"公"。

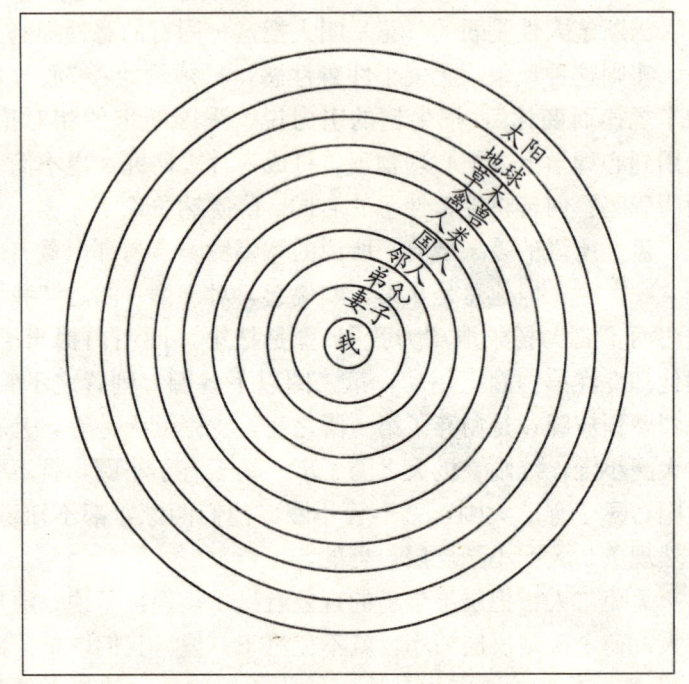

图 三

　　但还不能说是公,假使世界动植矿物都会说话,禽兽一定说:你们人类为什么要宰杀我们?未免太自私了。草木问禽兽道:你为什么要吃我们?未免太自私了,泥土沙石问草木道:你为什么要在我们身上吸取养料?未免太自私了。并且泥土沙石可以问地心道:你为什么把我们向你中心牵引?你地心未免自私。太阳又可以问地心道,我牵引你,你为什么不拢来,时常想向外逃走?并且还暗暗的牵引我,你地球也未免自私。再反过来说,假令太阳怕地球说他徇私,他不

第四部　心理与力学

牵引了，这地球也就立即消灭了。

这样的推想起来，即知道：遍世界寻不出一个"公"字，通常所谓公，是画了范围的，范围以内的人谓之公，范围以外的人仍谓之私。又可知道：人心之私，通常才有引力，"私"字之除不去，等于万有引力之除不去；如果除去了就会无人类，无世界。宋儒"走私"之说，如何行得通？

请问私字既是除不去，而私字留着，又未免害人，应当如何处置呢？答曰：这是有办法的，人心之私，既是通于万有引力，我们用处治万有引力的法子，处治人心的私就是了。就如上所绘三图，大圈小圈层层包裹，完全是地心吸力现象，厘然秩然，我们应当取法它，把世间一切事物安排得厘然秩然，像天空中众星球相维相系一般，而人世就可相安无事了。

次从古人事迹上求心理的轨道：

他说：人心虽是不可测度，但从他所作的事上，即可把他的心理考察出来。一部廿四史，是人类心理留下来的影像，我们取历史上的事迹，本力学规律，把它绘出图来，即知人事纷纷扰扰，皆有一定的轨道。作图之法，例如心中念及某事，即把那事作为一个物体。心中一念及它，即是心中发出一根力线，与之连结。心中喜欢它，即是想把它引之使近；如不喜欢它，即是想把它推之使远。从这个相推相引之中，就可把轨道寻出来。

孙子说："吴人越人相恶也，当其同舟共济而遇风，其相救也如左右手。"这是舟将沉下水去。吴人越人，都想把舟拖出水来，成了方向相同的合力线，所以平日的仇人，都会变成患难相救的好友。凡是历史上的事，都可本此法，把它绘图研究。

韩信的背水阵，置之死地而后生，是汉兵被陈余的兵所压迫，前面是大河，是死路，惟有转身来，把陈余的兵推开，才有一条生路，人人如此想，即成了方向相同的合力线，所以乌合之众，可以团结为一。其力线的方向，与韩信相同，韩信就坐收成功了。

张耳陈余，称为刎颈之交，算是至好的朋友，后来张耳被秦兵围困，向陈余求救，陈余畏秦，不肯应援，二人因此结下深仇，这时张耳将秦兵向陈余方面推去，陈余又将秦兵向张耳方面推来，力线方向相反，所以至好的朋友，会变成仇敌。结果，张耳帮助韩信，把陈余杀死在泜水之上。

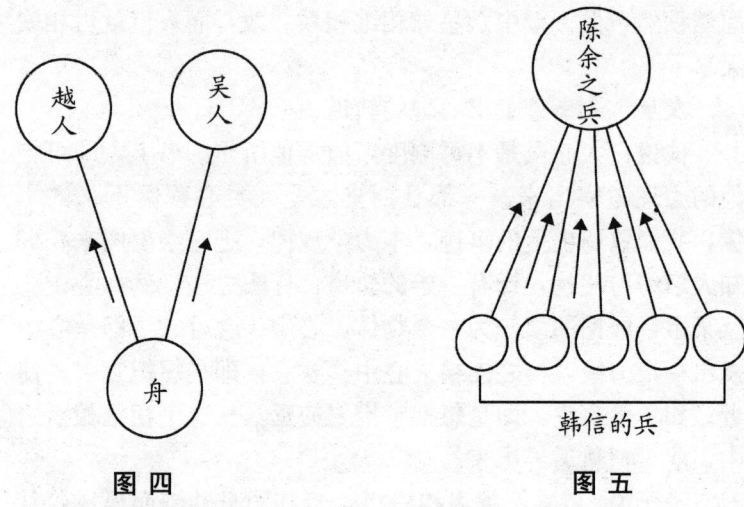

图四　　　　　　　　　图五

赢秦之末，天下苦秦苛政，陈涉一呼，山东豪俊，群起响应，无人从中联络，自然结合起来。这是众人受秦的压迫久了，人人心中都想把他打倒，利害相同，心理相同，成了

方向相同的合力线,不消联合,自然联合。

刘邦、项羽起事的时候,大家志在灭秦,目的相同,成为合力线,所以异姓之人,可以结为兄弟。后来把秦灭了,目的物已去,现出了一座江山,刘邦想把它抢过来,力线相反,异姓兄弟,就血战起来了。

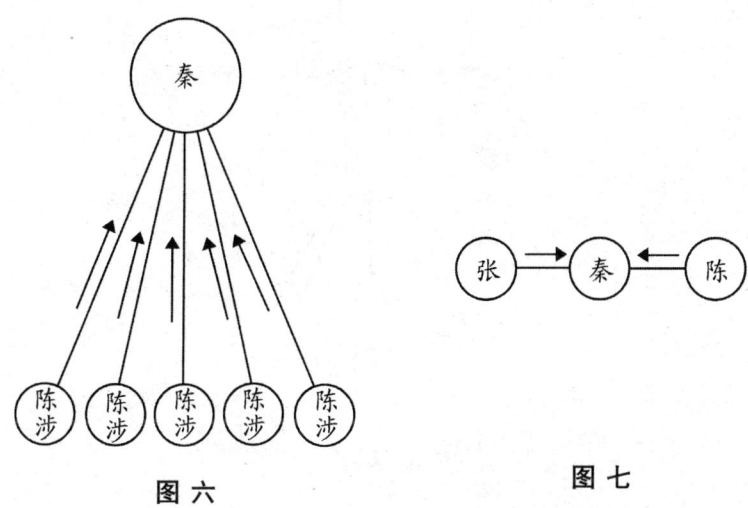

图六　　　　　　　　　图七

当项羽称霸的时候,刘邦心想:只要把项羽灭了,我就好了!韩信彭越也想:只要把项羽灭了,我就好了。他们思想相同,自然成了合力线,所以垓下会师,立把项羽扑灭。项羽既灭,他们君臣,便无合力的必要,彼此的心思,就趋往权利上去,但权利这个东西,你多占了,我就要少占,我多占了,你就要少占,力线是冲突的,所以汉高祖就杀起功臣来了。

唐太宗取隋,明太祖取元,起事之初,与汉朝一样,事成之后,唐则兄弟相杀,明则功臣族灭,也与汉朝无异。

大凡天下平定之后，君臣力线，就生冲突，君不灭臣，臣就会灭君，看二力的大小，定彼此的存亡。李嗣源佐唐庄宗，灭梁灭契丹，庄宗之力，制他不住，他就把庄宗的天下夺去了。赵匡胤佐周世宗，破汉灭唐，嗣君之力，制他不住，他也把周之天下夺去了。这是刘邦不杀韩彭诸人的反面文字。

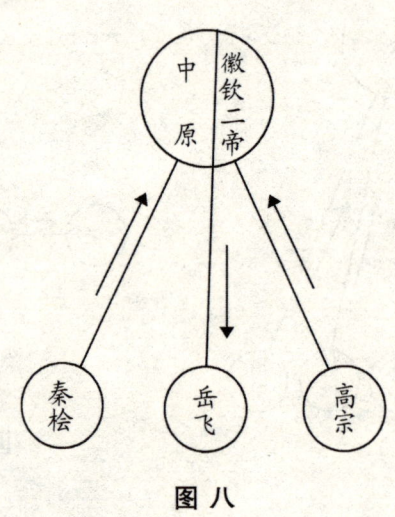

图八

汉光武平定天下之后，邓禹耿弇诸人，把兵权交出，闭门读书，这是看清了光武的路线，先行让开。宋太祖杯酒释兵权，这就是把自己要走的路线，明白说出，叫他们自家让开。究其实，汉光武宋太祖的心理，与汉高祖是一样的。我们不能说汉高祖性情残忍，也不能说汉光武宋太祖度量宽宏，只能说，这是一种力学公例。

岳飞想把中原挽之使南，秦桧想把中原推之使北；岳飞想把徽钦二帝迎之使南，高宗想把徽钦二帝推之使北，高宗

第四部 心理与力学

秦桧，成了方向相同的合力线，其方向恰与岳飞相反，岳飞一人之力，不敌高宗秦桧之合力，故三字狱成，岳飞不得不死。

历史上，凡有阻碍路线的人，无不遭祸。刘先帝杀张裕，诸葛亮请其罪，先帝说："芳兰生门，不得不除！"芳兰何罪？罪在生非其地。赵太祖伐江南，徐铉乞缓师，太祖说："卧榻之侧，岂容他人鼾睡！"鼾睡何罪？罪在睡非其地。古来还有一件奇事：狂裔华士兄弟二人，上不臣天子，下不友诸侯，耕川而食，凿井而饮，这明明是空谷幽兰，明明是鼾睡自己榻上，宜乎可以免祸了；太公至营丘，首先诛之。这是什么道理呢？因为太公在那个时候，正想以爵禄驱使豪杰，偏偏两个不受爵禄的人，横亘前面。这乃是阻碍了路线，如何容得他们？太公是圣人，狂裔华士是高士，高士阻碍了路线，圣人也容他不过，这可说是普通公例了。

逢蒙杀羿，是先生阻了学生的路；吴起杀妻，是妻子阻了丈夫的路；汉高祖分羹，是父亲阻了儿子的路；乐羊子食羹，是儿子阻了父亲的路；周公诛管蔡，唐太宗诛建成元吉，是兄阻弟之路。可见路线冲突了，就是父子兄弟夫妻，都要起杀机的。

王猛见了桓温，即仕苻秦，殷浩不明白这个道理；范蠡灭了吴国，即泛舟五湖，文种不明白这个道理；所以都遭失败。此外如韩非囚秦，子胥伏剑，嵇康见诛，阮籍免祸，我试把韩非诸人的事实言论研究一番，又把毫韩非的李斯，杀子胥的夫差，以及容忍阮籍、诛戮嵇康的司马昭，各人心中注意之点寻出，考察他们路线的经过，即知道或冲突、或不冲突，确有一定不移的公例，存乎其间。

王安石曰:"天变不足畏,人言不足恤,祖宗不足法。"道理本是对的,但他在当日,因这三句话,得了重谤,我们今日读了,也觉得他是盛气凌人,心中有些不舒服,假使我们生在当日,未必不与他冲突。陈宏谋说:"是非审之于己,毁誉听之于人,得失安之于数。"这三句话的意义,本是与王安石一样,而我们读了,就觉得这个人和蔼可亲。这是什么道理呢?因为王安石仿佛是横亘在路上,凡有"天变"、"人言"、"祖宗",从路上经过,都被他拒绝转去。陈宏谋是把"己"字,"人"字、"数"字,列为三根平行线,彼此不相冲突。我们听了王安石的话,不知不觉,置身于"人言不足恤"的那个"人"字中;听了陈宏谋的话,不知不觉,置身"毁誉听之于人"的那个"人"字中。我们心中的力线,也是喜欢人家相让,不喜欢人家阻拦,所以不知不觉,对于王陈二人的感情就不同了。如果悟得此理,应事接物,必有无限受用。

再次,则按照力学及磁电学的规律,说明各种心理的轨道。他说:我们把物体的分子,加以分析,就得原子,把原子加以分析,就得电子,电子是一种力,这是科学家已经证明了的。人是物体中的一种,我们的身体,是电子集合而成,身与心本是一物,所以我们的心理,不能逃力学的规律,不能逃磁电学的规律。

磁电的作用,是相推相引的;人的心理,也是如此。人有七情,大别之只有好恶二种。心所好的东西,就引之使近,心所恶的东西,就推之使远,其现象与磁电相同。人的心分知情意三者,意是知情的混合物,只算有知情二者。磁电同性相推,异性相引,他相推相引的作用,是情的现象,能够判别同性异性,又含有知的作用,可见磁电

第四部 心理与力学

也是有知情的。人类男女相爱,是异性相吸;同业相嫉,是同性相推。阳电正在需要阴电的时候,假使再来一个阳电,要分他的阴电,他自然要把他推开,阴电推阴电,其理亦同,犹如小儿吃东西时,见他哥哥来了,用手推他打他是一般。至于阴阳电相遇,各遂所欲,自然相吸相引,其现象也与人性一样。

宇宙间无论有形之物,无形之物,都含有向内牵引之力,通常所称的心,是由于一种力,经过五官出去,把外边的事物、牵引进来,集合而成的。例如有一物在我面前,我注目视之,即是一种力从目透出,与那个物连结。我们将目一闭,能够记忆那物的形状,即是此力把物拖进来绾住了。我们把心中所有的知识,一一细考其来源,即知无一不是从外面进来的。其经过的路线,不外眼耳鼻舌身,虽说人能够发明新理,但是仍然靠外面收来的知识作基础;犹之建筑房屋,全靠外面购来的砖瓦木石一般。假如把各种知识的来源查出来,从目进来的,令他仍从目退出去,从耳进来的,令他仍从耳退出去,其他一一从来路退出去,我们的心,即空无所有,只有一团浑然的力。

我们细察己心,种种变化,都是依着力学轨道走的。狂喜的时候,力线向外发展;恐惧的时候,力线向内收缩。遇着意外变故,欲朝东,东方有阻,欲朝西,西方有碍,力线转折无定,心中就成慌乱之状。对于某种学说,如果承认他,自必引而受之,如果否认他,自必推而去之。遇一种学说,似有理,似无理,引受不可,推去不能,就成狐疑态度。人心推究事理,依直线进行之例,一直前进,推至甲处,理不通,即折向乙处,又不可通,即折向丙处,此心三曲折,如溪水的迂回。水本是以直线进行的,虽迂

回百折，仍不出力学公例；我们的心，也是如此。此外尚有种种现象，细加研究，终不外推内引之两种作用。有时澄心静坐，万缘寂灭，无推引者，亦无被推引者，如万顷深潭，水波不兴，即呈一种悦静空明之象。此时之心，虽不显何种作用，其实千百种作用都蕴藏于内。人的心理，与磁电相通，电气中和的时候，毫无作用，一起作用，其变态即不可思议，如能明白磁电之理，则人的心理就可了然了。

人人有一心，即人人有一力线，各力线俱向外发展，宜乎触处冲突，何以平常时候，冲突之事不多见？这是因为力线有种种不同的原故。有力与力不相交的，此人做甲事，彼人做乙事，各不相涉。有力与力相消的，例如有人起意想害某人，施想他的本事也不小，我怕惹不了他，因而中止。有力与力相合的，例如抬轿的人，举步的快慢，自然能够一致。有力与力相需的，例如卖布的与缝衣匠，有布无人缝，有人缝无布买，都是不行的，相需为用，自然彼此相安。又有大力制止小力的，例如小孩玩得正高兴的时候，父母忽命他作某事，他心中虽是不愿，仍不能不作，这是父母之力，把他的反对力压服了。又如交情深厚的朋友，小有违忤，也能够容忍，这是因为彼此间的凝聚力很大，小小冲突之力，自然不能表现。更有大力吸引小力的，如有一人，吸引力特大，他能够把前后左右的人，吸引来成一小团体，成了团体后，由合力作用，其力更大，又向外面吸引，越吸引越大，就可风行天下了。我们仔细考察，即知人与人相接，力线交互错综，如网一般，有许多线，不惟不冲突，反是相需相成，人类能够维系，以生存于世界，就是这个道理。

第四部 心理与力学

人世一切事变，都是人与人接触而生成的，一个人，一个我，可假定为数上的二元，一个 Y，一个 X，依解析几何，可得五种线：

（一）直线。

（二）圆。

（三）抛物线。

（四）椭圆。

（五）双曲线。

人事千变万化，总不外人与人相接，所以无论如何，也逃不出这五种轨道。前面所举历史上的例子，皆属于"二直线"，由"我"为中心所绘的三个圆图，则属于"圆"，此外还有抛物，椭圆，双曲三种，说明如下：

什么是抛物线乎？我们向外抛出一石，这是一种离心力，地心吸力，吸引此石，是一种向心力。石的离心力，冲不破地心吸力，终于下坠，此石所走的路线，即是抛物线。弱小民族，对于列强所走的路线，就是抛物线。例如印度人民想独立，这是对于英国生出的一种离心力；而英国用强力把他压伏下去，冲不破英国的势力范围，这等于抛出之石，冲不破地心吸力，终于坠地一般。

成为地球绕日状态，这种路线，叫做椭圆，是离心力和向心力二者结合而成，自数学上而言，由一点至两定点的距离，其和恒等，此点的轨道，名曰椭圆。所谓其和恒等，也就是其值恒等。例如买卖之际，顾主交出金钱，店主交出货物，二者之值相等，即可看作一物。这是顾客抛出一物，绕过店主，回到他的本位；在店主方面看，也是抛出一物，绕过顾客，回到他的本位：成一个椭圆形，买卖二家就心满意足了，顾客有金钱，不必定向某店购买，这是离心力；但某

店中的货物，足以引动顾客，又具有引力。店主有货物，不一定卖与某客，这是离心力；但某客怀中的金钱，足以引动店主，又具有引力。由引力离力的结合，顾客出金钱，店主出货物，各遂所欲，交易乃成，是为椭圆状态。又如自由结婚，某女不必定嫁某男，而某男的爱情，足以吸引她；某男不必定娶某女，而某女的爱情，足以吸引他，引力离力，促其平衡，也是椭圆状态。

地球绕日，引力和离力，两相平衡，成为椭圆状态，故宇宙万古如新。社会上一切组织，必须取法这种状态，才能永久无弊。我国婚姻旧制，由父母主持，一成夫妇，终身不改，缺乏了离力，所以男女两方，有时常感痛苦。至若有离力而无引力，更是不可。上古男女杂交，子女知有母而不知有父，这是缺乏了引力。我国各种团体，有如散沙，也是缺乏了引力。所以政治家创立制度，不可不把离心向心二力，配置平均。

什么是双曲线呢？由一点至两点的距离，其差恒等，此点的轨迹，就叫做双曲线，其形状，有点像两张弓反背相同一般。凡两种学说，或两种行事，背道而驰，即可称为走入双曲线的轨道。例如性善性恶两说，恰相反对，双方俱持之有故，言之成理，越讲越精微，相差越远，犹如双曲线越引越长，相离越远一样。究其实，无非性善性恶之差，是谓其差恒等。又如世间法，和出世间法，二者是背道而驰的；利己主义、利人主义，二者也是背道而驰的，凡此种种，皆属于双曲线。

我们把各种力线，详加考察，即知我与人相安无事的路线有四：

1. 不相交之线，我与人目的物不同，路线不同，各人

第四部　心理与力学

向着目的物进行，彼此不生关系。平行线，是永远不相交，有时虽不平行，而尚未接触，亦不生关系。

2. 合力线，我与人利害相同，向着同一的目的进行，如前面所说的吴越人同舟共济者是。

3. 圆形，宇宙间事事物物，天然是排得极有秩序的，凡事都有一定的范围，我与人有一定的界限，倘能各守界限，你不侵我的范围，我不侵你的范围，彼此自然相安。

4. 椭圆形，凡属权利义务相等之事，皆属于此种，此四线中，第一第三两种线的结果，是利己而无损于人，或利人而无损于己。第二第四两种线的结果，是人己两利。我们每遇一事，当熟察人己利线的经过，如走此四线，人与我绝不会发生冲突。

此外，我更说中国古代哲学典籍中，多藏有力学原理，而加以引证。然后下一结论道：宇宙之力，是圆陀陀的，周遍世界，不生不灭，不增不减，吾人生存其中，随时都可以发现其理。有人看见一端，即可发明一条定理：例如看见苹果坠地，即发明万有引力，看见壶盖冲动，即发明蒸汽机；看见磁铁的功用，即发明指南针；看见死蛙运动，即发明电气。所有种种发明，可说是同出一源。到为苹果坠地，是力的内敛作用；壶盖冲动，是力的外发作用；磁气电气，是力的外展内敛两种作用。达尔文看见宇宙之力，向前发展，如水在河中，能适应环境，就创出进化论。又见进化中所得着的东西能够借收敛作用，把持不大，就说有遗传性。此外种种科学，与夫哲学上的种种议论，都是从那个圆陀陀的东西生出来的。譬如有人在树上摘下一果，有人在树上摘下一花，又有人在树下摘下一枝一叶，为物虽是不同，其实都是在一株树上摘下来的。所以百家学说，

归于一贯；中西学问，可以相通。——这便是我在民国九年的一种大收获，也是我的思想由破坏而走到建设方面的转折点。

第五部

厚黑教主传

宗吾家世

大概在南宋年间,广东嘉应州长乐县崛起一个姓李的人家,家长李子敏和他的儿子李上达,创家立业,慢慢家道兴旺,子孙繁衍,就成了一个有名的氏族。后来代代相传,传到第十世上,有位名叫李润唐的,于清代雍正三年,携眷到四川来,先住隆昌萧家桥,后迁富顺自流井,遂在那里落籍了。四川自明末张献忠大屠杀以后,地广人稀,湖广一带的人民,都纷纷迁来居住,这个李姓人家的迁居,当亦不外此种原因。自李润唐入川以来,家道又慢慢兴旺,子孙繁衍,传到第八代上,出了一颗思想界的彗星,读书穷理,好立异说,那便是以"面厚心黑"创立的李宗吾氏,这人自民国以来,已成四川的名人了。

我因避寇入川,得读李氏的许多著作,由彼此通信,而得相晤识,而结为好友,始尽知他的生平行事和言论思想,他并不是像外间所传的虚妄骇诞,立意在惊世骇俗的人,他的为人,既不面厚,也不心黑;但他偏偏提倡"厚黑学",偏偏自称为"厚黑教主",这种"反话正说"的作风,究竟是为何来?世人不必笑他骂他,应当先加以深切的反省才

第五部　厚黑教主传

是。释迦并不应该入地狱，耶稣并不应该钉十字架，但释迦说："我不入地狱，谁入地狱？"耶稣偏说："凡不背十字架走的人，不配做我们的门徒"。这又是所为何来？我们同样是应该加以反省的。至于李氏的谈教育，谈政治，谈学术思想等等，都是一本正经的立论；不过他的思想有些奇僻，往往发前人之未发，言近人之未言，于是一般传统的学者，就骂他是旁门外道罢了。如今李氏已作古人，再不怕他放言高论了，可是他一生的行事，尚为世人所不尽知，生前的言论思想，也有许多是被忽视的。我为纪念这位亡友起见，不惜多笔墨，作此厚黑教主传，好教世人借以评定他的功罪。

　　李宗吾氏，生于光绪五年正月十三日。"宗吾"二字，不是他的原名，这是他后来一再改定的。他的名号几经改变，当他幼年的时候，脾气非常蛮横，毫不依理，见者呼为"人王"；他的父亲就把"人王"二字，合为"全"字，加上辈"世"字，名为世全。算命先生说他命中少"金"，就加上金旁，成为世铨。后来私塾先生又说他命中少"木"，并不少金，他也正嫌父亲为他命的名不好，便自己改名世阶字宗儒，这是表示信从孔子的意思。二十五岁，思想大变，对于儒教颇不满意，心想与其宗法孔子，不如宗法自己，因改名为宗吾。他常说："这宗吾二字，是我思想独立的旗帜"。以后宗吾，字行，而世阶的名字，就几乎无人知道了。

　　宗吾兄弟七人，姊妹二人。在兄弟中，他是行六，三哥早死，其余六房均得成立，他的父亲命名为"六谦堂"。除他一人外，兄弟皆务农，惟他的七弟后来开机房，略具商业性质。宗吾是相信遗传和胎教的，他说他之好读书，是决定在先天的，因为生他的那几年，正是他父亲闭门读书的时候。并且他还引苏氏父子为证，他说："世称苏老泉二十七

岁，才发奋读书。考老泉生于宋真宗祥符二年乙酉，仁宗明道二年乙亥满二十七岁。苏东坡生于丙子年十二月十九日！苏子由生于己卯年二月二十日。他们兄弟二人，正是老泉发奋读书时代生的。历史上二十七岁才发奋读书的，只有老泉一人，生出二位文豪；四十岁才发奋读书的，只有我父亲一人，生出一位教主，岂非奇事。东坡才气纵横，文章豪迈；子由则人甚沉静，好黄老之学，所注老子解，推之古今杰作。大约老泉发奋读书，初时奋发踔厉，后则入理渐深，渐为沉静，故东坡子由二人，禀赋不同。我生于我父亲发奋读书的末年，故我性沉静，喜老子，颇类子由；惜我生于农家，为学不得门径，未免有愧子由了。"他说他的奇怪思想，也是禀自他父亲，实则他家一连几代，性格都有点特殊。我们先追溯到他的曾祖说起，来剖视一下他的血统看看。

　　宗吾的曾祖，名求枋，性格异常严肃，虽是一个开染店的老板，可是道貌岸然，无人不敬畏他。凡族亲子弟，衣冠不整者，酒醉者，如果走到他的店门，立即屏气敛容，不敢经过。但他对人并无疾言厉色，仍是具有一副慈祥温和的态度。生平从未作过亏心事，享寿七十岁。临死之前，命家人捧手进巾，自浴其面，帽微不正，手自整理，然后凭几而卒。

　　宗吾的祖父，名乐山，一生务农，曾耘小菜出售；暇时，贩油烛及草鞋，沿街叫卖。身形魁伟，性情朴素。上街担粪，有人和他说话，他必站立对答，粪担在肩上，不知放下。遇狡猾的人，就故意拿他开心，久谈不止，他便左肩换右肩，右肩换左肩，引得满街人捧腹大笑。他于晚饭后便睡，及至家人就寝时，他已睡醒了，以后即不再睡。睡熟时，呼亦不醒，如呼"强盗来了！"即惊然而起。他于晚睡

第五部　厚黑教主传

之后，即整理明日应卖小菜，整理完了，便手持一杆，往守菜圃。菜圃临近大路，贼人偷东西从此经过的，往往被他夺下，交还失主，所以贼人非常怕他，常常绕道而行。家中平日是舍不得吃肉的，到了年终，他才割肉十斤，准备腌起。自己持刀修削边角，削下来的约有半斤，便命他的妻子拔萝卜做汤，并切切嘱她："大的留着出售，小的留着长成，须择一窝双生和破裂不能卖的，才拔来。"他的妻子找遍了圃中，不得一棵，他才忍痛允许拔来使用了。汤热，他亲自持勺，盛入碗内，又倒入锅中，再盛再倒，再倒再盛。他的妻子问道："你这是干什么呢？"他说："我想分给家人和工人，苦于不能公平和普遍啊！"这事过了不久，便一病而死。他的妻子割肉一方，献于灵前，一见即痛哭，自语"泪比肉多"！又因痛惜不已，即取他生前所用扁担珍藏起来，并且说："后世子孙如昌达，当用红绫包裹，悬挂在正堂梁上，永留纪念！"据说这条扁担经他的子孙保留到民国九年，竟被贼人毁了。他的妻子曾氏，是高山寨富家的女儿，出嫁以后，终年陪着丈夫操作，挑水担粪，从无劳怨。有时归宁，看见猫犬剩余的食物，即暗暗想到，我家怎能得到这样的剩饭的食物？宗吾幼时，听到他的父母屡次述及此事，告诫他们兄弟说："先人这般穷困，这般勤苦，一食之难，竟到如此地步，做儿孙的千万不可忘记啊！"

　　宗吾的父亲，名高仁，字静安。他原是在外学生意的，自父亲去世后，便为家农，与他的妻子共同操作，终日勤劳的情形，一如他的父母。常常取出他的父亲遗留的扁担，以作警戒，因而家道渐裕，得以购置田产。不幸在四十岁上，因劳致疾，医生警告他说："赶紧把家务丢了，安心静养，否则非死不可！"他便把家务完全交付给妻子，自己专心养

病。三年之后，始得生愈。他在养病期间，才得到看书的机会，先寻到三国演义、列国演义等书来看，以后就看起四书讲章来，他一看再看，于是从中就看出道理来，便是"书即世事，世事即书。"

他后来只看三本书，其他各书全不看了。哪三本书呢？一是《圣谕广训》，这书是乾隆所颁行天下的，后附朱柏卢的治家格言。二是《刎心要览》，还只是看全书中的一本，中载司马光及唐翼修等名言，他呼之为格言书。三是杨继盛参严嵩十恶五奸的奏折，后附遗嘱（是椒山赴义前夕，书以训子的，所言皆居家处事之道）。此外还有一本三字经注解，信不常看。就是那三本大书中，还只有前二书是他手不释卷的。临死前数日，犹阅读不忍放下。他常说："书读那么多干什么。每一书中，自己觉得那一章好，即把他死死记下，照着去行；其余不合心意的，就不必看了。"

他最爱高声朗读的，在《圣谕广训》中，有这两句："人子不知孝父母，独不思父母爱子之心乎？"在《刎心要览》中，有这几句："贫贱生勤俭，勤俭生富贵，富贵生骄奢，骄奢生淫佚，淫佚又生贫贱。"

他读书固然是如此之少，而平生从未写过一个字，尤其稀奇。当宗吾七八岁时，发生一件急事，他父亲叫他拿笔墨来想要写信，等他拿来了他父亲又说不写了。但是宗吾偏说："我的奇怪思想是发源于我父，读书的方式，也取法于我父。"这事，久后当加以证明。

宗吾的父亲自大病之后，即不敢再作笨重的工作，不过偶尔扯扯甘蔗叶，或种胡豆时盖盖灰罢了。但有暇即看书，自然是他心爱的那几本书，每当工人到田里工作时，他便携着叶烟竿，或火笼（一种烤火炉），挟着书，坐在田边，时

第五部　厚黑教主传

而同工人谈天，时而自己看书。他对于农事，异常内行，每晨必巡视田垄一次，常说："我睡在家中，工人在田间工作的情形，我都知道。"当家人从田间归来，他常问："工作人到何处了？"如果因未留心，对答得不确实，他便笑着道："不要瞎说！"

他一生注重早起，他说曾读过三个人的治家格言，都是主张早起的。朱伯卢云："黎明即起"；唐翼修云："早眠早起，勤理家务"；韩魏公云："治家早起，百务自然舒展，纵乐夜为，凡事恐有疏虞。"因此，他虽不像他父亲那样早起，但他总是鸡鸣而起，无一日独断，就是隆冬大雪，亦无不如此。

那时还没有火柴，他每晨起来，便用火链敲火石，将灯点燃，遂以木炭生着火笼，温酒独酌，然后口含叶烟，一直坐到天明。这时，便将工人应做的工作，及自己应办的事，一一规划妥当了。所以他处理家务，都是有理有条；工人作工，时间也无片刻浪费。他怕工人起晚了，耽误工作，而每晨呼喊他们，又觉得讨厌；于是他把堂门做得很紧，一见窗上发白色，即把堂门砰一声打开，工人自然也就惊醒了。

他因为爱早起，好思考，所以生平与人交涉，无一次失败。他常说："凡与人交涉，必须将他如何来，我如何应，四面八方都想过，临到交涉时，任他从哪面来，我都可以应付。"

当他病愈之后，邻近有一宅院想卖给他，他也很想要，但是苦于索价太高，就故意对卖主说："价钱太高，我买不起。"可是彼此勾心斗角，牵牵连连，总不肯把事放过。邻人怨他当买不买，声言要到官府控告，他也不理；甚至把他家的出路掘了，他就由屋后绕道而行，也不与人计较。结

果,那庭宅院,还是卖给与他,这时又生种种纠葛,他仍得到最后的胜利。

宗吾对我说,他的七弟世本,便是他父亲与邻人勾心斗角时生的。果然世本为人处世,精干机警,后来他的父母死,哥嫂死,丧事都由他一人包办,办得条条有理。世本还对人说:"我无事,坐起来就打瞌睡;有事办,则精神百倍。这几年,幸而家中死了几个人,还算有事可办,不然这日子就真难过!"于是宗吾又据以证明他的遗传及胎教说,他希望科学研究一下。他的父亲死时,享寿六十九岁,那时已成小康之家了。

广东人的祖宗纪念,乡土观念,以及团结的精神,是很强的。李家自到蜀以来,对于原籍的先人坟墓,和同族的安

全，仍是深深地纪念着的。所以他们还派人赴粤扫墓，并慰问同族的父老子弟。在四川更是设有宗祠。宗祠的设立，据说是外省人来川，常被本地人欺凌，于是他们相约：凡广东姓李的人家，成立一会，叫做"捧捧会"，有来欺凌的，就一齐同他们拼命。以后有人说"捧捧会"是违法的，才改立宗祠。

广东人入川的，嫁女娶媳，必择广东人，偶尔破例娶本地女子，入门也必须学说广东话。家庭及亲戚往来，更要说广东话，否则说叫卖祖宗。李家自润唐到宗吾一辈，算来已有八世了；但他兄弟姊妹九人，都是和广东人结亲的。有这强烈的民族性格，再加以代代相传的个性血统，假如我们相信遗传学的话，则产生出一位赋有奇怪思想的李宗吾，这是不足为奇的事。

亲访宗吾答客问

问:"先生能否暂将厚黑学收起不讲,专在文化学术方面多加发挥与著述,以饷国人?"

答:"这是办不到的!十年以来,已有很多朋友劝我不必再谈厚黑。殊不知厚黑是'说得做不得的',我们既不能应用,又不能不讲;不讲,心中反而难受。若想劝我不讲'厚黑',无异于劝公孙龙不讲'白马非马',这是万万办不到的。我本着'说得做不得'的信条,尽量发挥厚黑哲理来创教立学,试问这样无冕王,惟我独尊,又谁能比得我优游自豪呢?且古今真理,只有一个,仁者见仁,智者见智,孔孟的仁义,老子的道德,佛耶的慈悲博爱,和宗吾的厚黑,均是一个真理,不过说法不同罢了。若是各有发明,各立一说,不相假借,便是各有千秋。这样,比起及身得志的人,我觉得尤胜一筹,又何必用世呢?你屡来信劝我不讲厚黑,怕我前途有阻,我想当年基督尚肯以身殉教,区区之阻,又何足以使教主不谈厚黑呢?"

问:"先生满腹经纶,是当代的一个诸葛孔明呢,先生自忖以为如何?"

第五部　厚黑教主传

笑着答道:"孔明何足道哉!他的名士气太高了!单就用兵而论,他犹不及先帝,先帝不过借他来慑服头脑简单的关张赵黄诸人罢了,实则他尚被先帝玩弄于股掌之中的。不然,伐吴之役,帝何以不使孔明自将呢?且孔明用马谡守街亭,实为大失着(当用魏延);军败而斩马谡,尤为大失着,蜀之穷蹙以亡,斩马谡时,已肇其因了。孔明无能为如此,何足道哉!"

问:"先生看,古今来谁是可取的呢?"

答:"我不是说作一姜太公的话吗?实则千古可取法者,惟此一人。太公年至八十,尚能佐周克商,已是亘古奇迹。厥后苏秦诵其阴符,而合六国;张良用其兵法,而灭秦楚。试问:厚黑远祖,舍太公还有何人呢?鄙人实是他百代的徒孙,想掘发出这千古不传的秘诀,以光前裕后的。"

问:"先生治学的门径,可以见告吗?"

答:"我平生治学,实得力于八股义法的'截搭题',那是很合乎辩证法的逻辑的。我的厚黑及一切著作,都是从中推衍而出的。"

问:"先生莫非是说笑话吧!"

答:"不是笑话,我确是得的这一套八股法宝。如若不信就请以后对于八股义法多下些功夫。"

问:"先生的著作,出版的,未出版的,一共有多少种?"

答:"出版的有《厚黑学》、《厚黑丛话》、《宗吾臆谈》、《社会问题之商榷》、《制宪与抗日》、《中国学术之趋势》、《心理与力学》、《孔子办学记》、《吊打校长之奇案》、《孔告大战》、《怕老婆的哲学》十余种。现在正写的,及已写成未发表的,还有《中国民族特性之研究》、《政治经济之我见》、

《叙属旅省中学革命始末记》、《性灵与磁电》、《迂老随笔》等种种。谈正经道理的，有《社会问题之商榷》、《考试制度之商榷》、《制宪与抗日》、《中国学术之趋势》、《心理与力学》五书。其余的正经的作品，因尚未问世，暂可不谈。其实我已老了，还著作什么书呢？真可谓不自量。"

问："先生以往的资历，及目前的身世境遇如何？"

答："我早年受教于富顺名八股家卢橐先生之门，后入成都高等学堂学习数理，曾加入同盟会。民国以来，充督署科长，全省官产清理处处长，擢为重庆海关监督未就，后长富顺县中，绵阳省中。再任省督学多年，曾出川考察各省教育。北伐后，入省府任编纂委员，去年始解职归家。我自幼生于穷家，经一生奋斗的结果，已有小积蓄，现有市宅一所，水田三处，收租百石，生活尚称小康。生有二子，长子甚有能干，曾任富顺教育局长，及自井中学校长；次子曾在成都工业读书。不幸两子均于近年中先后死去，现有老妻寡媳及三孙四孙女，请有塾师，就家中教读。这便是我的大概情形。"

第五部　厚黑教主传

六十晋一妙文

鄙人今年（民国二十八年）已满六十岁了。即使此刻寿终正寝，抑或为日本飞机炸死，祭文上也要写享年六十有一上寿了，生期那一天，并无一人知道，过后我遍告众人，闻者都说与我补祝。我说："这也无须"。他们说："教主六旬诞颂，是普天同庆的事，我们应该发出启事，征求诗文，歌颂功德。"我谓："这更勿劳费心，许多做官的人，德政碑是自己立的，万民伞是自己送的，甚至生祠也是自己修的。这个征文启事，不必烦诸亲友，等我自己干好了。"

大凡征求寿文，例应补叙本人道德文章功业，最要者，尤在写出其人特点，其他俱可从略。鄙人以一介匹夫，崛起而为厚黑圣人，于儒释道三教之外特创一教，这可算真正的特点。然而其事为众人所共知，其学已家喻户晓，并且许多人都已身体力行，这种特点，也无须赘述。兹所欲说者，不过表明鄙人所负责之重大，此后不可不深自勉励而已。

鄙人生于光绪五年己卯正月十三日，次日始立春，算命先生所谓："己卯生人，戊寅算命。"所以己卯年生的人，是我的老庚；戊寅年生的人，也是我的老庚。光绪己卯年，是

厚黑学 HOU HEI XUE

西历一千八百七十九年,爱因斯坦生于三月十九日,比我要小一点,算是我的庚弟,他的相对论震动全球,而鄙人的《厚黑学》仅仅充满四川,我对于庚弟,未免有愧。此后只有把我发明的学问,努力宣传,才能不虚此生。

正月十三日,历书上载明:"是杨公忌日,诸事不宜"。孔子生于八月二十七日,也是杨公忌日,所以鄙人一生际遇,与孔子相同,官运之不亨通,一也;其被称为教主一也。天生鄙人,冥冥中以孔子相待,我何敢妄自菲薄!

杨公忌日的算法,是以正月十三为起点,以后每退二日,如二月十一日,三月九日……到了八月,又忽然发生变例,以二十七日为起点,又每月退二日,又九月二十五日,十月二十三日……到了正月又忽然发生变例,以十三为起点。诸君试翻历史书一看,即知鄙言不谬。大凡教主都是应运而生,孔子生日即为八月二十七日,所以鄙人生日非正月十三日不可。这是杨公在千年前早已注定了的。

孔子生日定为阴历八月二十七日,考据家颇有异词。改为阳历八月二十七日,一般人更莫名其妙。千秋万岁后,我的信徒,饮水思源,当然与我建个厚黑庙,每年圣诞致祭,要查看阴阳历对照表,未免麻烦。好在本年(民国二十八年)正月十三日,为厚黑教主圣诞。将来每年阴历重九登高,阳历重三日入厚黑庙致祭,岂不很好。

四川自汉朝文翁兴学而后,文化比诸齐鲁,历晋唐以迄有明,蜀学之盛,足与江浙诸省相埒。明季献贼践蜀,杀戮之惨,亘古未有。秀杰之士,起而习武,蔚为风气。有清一代,名将辈出,公侯伯子男,五等封爵,无一不有。嘉道时,全国提镇,川籍占十之七八。于是四川武功特盛,而文学则蹶焉不振。六十年前,张文襄建立尊经书院,延聘湘潭

第五部　厚黑教主传

王壬秋先生，来川讲学，及门弟子，并研廖季平，富顺宋芸子，名满天下，其他著作等学者，指不胜屈，朴学大兴，文风复盛。考湘绮楼日记，己卯年正月十二日，王先生接受尊经书院聘书，次日鄙人诞生，明日即立春，万象更新，这其中实见造物运用之妙。

帝王之兴者也，必先有为之驱除者：教主之兴也，亦必先有为之驱除者，四时之序，成功者去。孔教之兴，已二千余年，皇矣上帝，乃眷西顾，择是四川为新教主诞生之所，使东鲁圣人，西蜀圣人，遥遥相对。无如川人尚武，已成风气，特先遣主壬秋入川，为之驱除，此所以王先生一受聘书，而鄙人即嵩生岳降也。

民国元年，共和肇造，为政治上开一新纪元，今为民国二十八年，也即是厚黑纪元二十八年。所以四川之进化，可分为三个时期：蚕丛鱼凫，开国茫然，勿庸深论，秦代通蜀而后，由汉司马相如，以至明阳慎，川人以文学相长，是为第一期，此则文翁之功矣。有清一代，川人以武功见长，是为第二时期，此张献忠之功也。民国以来，川人以厚黑学见长，是为第三时期，此鄙人之功也。

民元而后，我的及门弟子和私淑弟子，努力工作，把四川造成一个厚黑国，于是中国高瞻远瞩之士，大声疾呼曰："四川是民族复兴之根据地！"何想，要复兴民族，打倒日本，舍了这种学问，还有什么法子？所以鄙人于所著《厚黑丛话》内，喊出"厚黑救国"的口号，举出越王勾践为模范人物。其初也，勾践入吴，身为臣，妻为妾，是之谓厚。其初也，沼吴之役，夫差请照样的身为臣妻为妾，勾践不许，必置之死地而后已，是之谓黑。九一八以来，我国步步退让，是勾践退吴的方式，七七事变而后，全国抗战，是勾践

沼吴的精神。我国当局,定下国策,不期而与鄙人之学说暗合,这是很可庆幸的。天下兴亡,匹夫有责,余岂好讲厚黑哉?余不得已也。

鄙人发明《厚黑学》,是千古不传之秘,而今而后,当努力宣传,死而后已。鄙人对于社会,既有这种空前的贡献,社会人士,即该予以褒扬。我的及门弟子,和私淑弟子,当兹教主六旬圣诞,应该作些诗文,歌功颂德。自鄙人的目光看来,举世非之,与举世誉之,有同等的价值。除弟子而外,如有志同道合的逸伯玉,或走入异端的原壤,甚或有反对党,如楚狂沮溺,征生亩诸人,都可尽量地作些文字,无论为歌颂,为笑骂,鄙人都一敬谨拜受。将来汇刊一册,题目《厚黑教主荣录》。千秋万岁后,厚黑学如皎日中天,可谓其生也荣,其死也荣。中华民国万万岁!厚黑学万岁,厚黑纪元二十八年,三月十三日,李宗吾谨启。是日也,即我庚弟爱因斯坦六旬晋一之前一日也。

第五部　厚黑教主传

孔子办学记

孔氏学校,无一不有。其中的材料,纯是取自《论语》。作者系采用八股文中的"截搭题"的手法,任意拉扯,任意附会,字义讹串也不管,时代错误也不管,可谓极尽突梯滑稽之能事。现在且把学校将要倒闭的一段照写下来,以见一斑:

孔子创办学校之初,学科的分配:修身,是颜渊,闵子骞,冉伯牛,仲弓;语言,是宰予,子贡;法制经济,是冉有,子路;国文,是子游,子夏;格致,是曾子;数学,是冉有兼任;体操,是子路兼任;历史音乐,是孔子自任,后来各科教员,死的死,走的走。好在孔子这个校长,是万能校长,教员一缺,就由校长代授。如今除语言一科外,其余各科,尽是孔子兼授,校中只剩半个教员。怎么教员会有半个呢?全校教员,只有宰予一人,他每日昼寝,到了上课时间,还要校长到寝室去喊他起来。每点钟至多不过讲三十分,就下课睡觉,故名之曰"半个教员"。

校中学课,既不认真,自然也就松懈下来,学生终日美酒佳肴,猜拳行令,而对校长,感情甚好,"有酒食,先生

馔"。随时邀请孔子,孔子也很客气,"有盛馔,必变色而坐。"师徒之间,相忘无形。不时又邀孔子下棋打牌,初时还是学生来约校长,久之,孔子觉得有趣,每日早膳后,就向学生说道:"饱食终日,无所用心,难矣哉!"吃饱了饭,莫得事体干,这个日子,真难过!"不有博弈者乎?"未必你们的箱箧之中,围棋象棋,麻将扑克,都没有吗?"为之",拿出来玩一下,"犹贤乎已",总比闲着没有事好些。像这样干下去,校中自然安静无事,不料校外訾议蜂起,甚且还有编些歌谣骂他们的……

此外,他还想写一篇小说,题目是《孔告大战佚闻》,可是并未完成。我所见的,仅是全篇的第一回,材料是取自《论语》及《孟子》,仍是一味胡扯乱道,看不出什么寓意。但据他说,当年的八股文——尤其是八股能手,就是用这种伎俩。那么这篇小说,也可以说是讽刺八股文及惯好附会的文章作者了。《孔告大战佚闻》,是这样引起的:

记得满清末年,重庆《广益丛报》,载有一篇《瞽瞍控舜的呈文》,历舜的数十大罪状,但是证据确凿,有书可考。事隔多年,只约略记得点影子。说舜串通四岳,窃夺帝尧之位,这种大罪,是无待言的。最妙的是说,舜欺我年老,将我的眼珠挖去,嵌入他的眼中,所以我成了瞎子,他成了双目重瞳,大罪一。娥皇女英,是舜的祖姑,有族谱可考,他霸占为妻,大罪二。尧之时,天下共有十二州,故舜典曰:肇十有二州。舜使益掌火,烧灭了三州,故禹贡上只有九州,大罪三。……全文妙味横生,可惜记不清楚了。其时某报还做了一篇小说,说唐三藏偕同徒弟孙悟空、猪八戒、沙和尚,往外留学,如何如何。又有人做一篇小说,说孟子往东天取经,途中遇着告子,手执《杞柳》,口吐《湍水》,孟

第五部　厚黑教主传

子杀他不过,求救于曾子;曾子手执"慎终锤",身骑"民德龟"(曾子曰:慎终追远,民德归厚矣。)也战告子不过,求救于孔子,孔子手执"伤人壶",身骑"不问马"(伤人乎,不问马。)也被告子杀得大败。忽然半空中飞来一人,身骑"犹病猪",大呼道:"我乃姓尧名舜是也!"遂将告子降服。我想:孔子是我国的大教主,岂能轻易战败?当必有一番恶战,乃补做这篇《孔告大战佚闻》,特笔录出来,借博一粲。

小说的正文,系从孔子接得曾子的告急文书开始,于是连忙点集三千人马,七十二员大将,浩浩荡荡,杀奔告子大营而来。告子听得孔家人马来了,立即引兵应战,双方使用的武器车马和披挂穿戴,以及战事上的种种名词,都是截取《论语》、《孟子》的成语,而作谐音的应用。今写出战事紧张的一段来看:

孔子大怒,忙在身旁取出一道灵符,名曰"伤人符",向空中一展,大呼道:"六丁六甲何在?"只见半空飞来一人,身骑"不问马"大呼道:"我乃厩焚子是也"。(厩焚,子退朝,曰伤人乎,不问马)只是厩焚子,驱着火龙、火马、火鸦、火鼠,向告子大营,放火烧来。告子见了,连忙口吐湍水,(告子曰:性犹湍水也。)将火扑灭。只见那湍水流出来,滔滔不已,刹时了间,"可使过颡","可使在山",将孔家人马,淹困水中。孔子见了,说道:"不要紧,待为师念动避水真言,颜渊,你可领着人马,从水中钻出"。于是孔子口中,念念有词:"呀呀呸!水哉水哉!何取于水也?"颜渊正埋头一钻,被告子看见,大声道:"往哪里走!"用手一指,那水忽然变成铜墙铁壁一般。呼的一声,颜渊跌落在地,抬头一看,那水已有千百丈高,颜渊喟然叹曰:

"这水呀!仰之弥高,钻之弥坚,吾其死矣!"孔子到了此时,也无计可施。子路正负伤卧在地下,大声叫道:"我有冯河的本领,无奈身受重伤,不能为力。夫子,你有乘桴浮海的法术,何不拿出来行使呢?"一言把孔子提醒,乃率领众弟子,浮出水面走,又命冉有子贡断后。告子领着人马从后赶来,冉有子贡举起大刀,做着要砍下的姿势,连做两遍;告子见了惶然大恐,乃抱头鼠窜而逃。告子弟兄见了,莫名其妙,围着冉有子贡问道:"我们尼山学道,一十八般武艺,件件学全,从未见这种杀法,你们究竟从何处学来?"二人笑道:"此在兵法中,特诸君不悟耳!兵法不云乎:冉有子贡,侃侃如也。"闲话休提,孔子回到营中,见人马折去大半,十分悲伤。……传下将令,叫宰予前来吩咐道:"全营将士,疲困已极,今日应该让我好好休息,明日再行大战。最可虑的,是告子乘夜劫营,你是白天睡了觉的(宰予昼寝),今即派你巡夜去吧。"孔子吩咐已毕,就低下头"曲肱而枕之"呼呼睡去。……

第五部　厚黑教主传

性灵与电磁

宗吾的另一研究对象，便是《性灵与电磁》的问题。这个问题，仍是他对于《心理与力学》研究的继续，也可以说是他思想发展的极致。他自从倾向"性恶论"，大胆地提出"面厚心黑"之说，仍是在"人性论"上作继续不断的研究，在研究的过程中，也不仅否认了"性善说"，亦同时否认了"性恶说"；至于"性善恶混说"，"性有善有恶说"，以及"性情三品说"，他也完全否认了。以后他发现人的心性，无所谓善，亦无所谓恶，但是却有一种"力"，此"力"能推能引，与物理的现象并无不同，于是而有"心理与力学"一书之作。

时至今日，他更创造一假设：人的性灵，从地球的磁电转变而来。"如果这一假设，将来得到确切的证明，则可有科学与玄学之争，唯物与唯心之争"，就成为徒然多事了。但他为学力和年龄所限，不能把这一假设，予以确切的证明，这是他无可奈何的事。他曾亲自对我说过，他只能用"想当然耳"的说法，写成《性灵与电磁》一文，让今后的学者或推翻或证成好了。那篇文章的概要如下：

他以为物质不灭,能力不灭,是科学上的定律。依此理,吾人一死,身体即化为地球上的泥土,同时性灵亦当化为地球中的磁电。如此叫肉体性灵,生有自来,死有所去,而物质不灭,能力不灭之说,就可以讲得通了。出言人能成仙成佛,或许是用一种修养力,能将磁电凝聚不散的缘故。又有说"冤魂不散"者,当是一种嗔恨心,能将磁电凝住;及至冤仇已报,嗔恨之心消失,电磁无从凝聚,其鬼即归消灭。

有了"性灵由磁电转变而来"这种假设,则灵魂存灭问题,也就可以解答了。吾人一死,身上的物质追还地球,灵性化为磁电,则灵魂即算消灭;但是吾身虽死,而质尚存,磁电尚存,亦可说是灵魂尚存了。庄子所说:"天地与我并生,万物与我为一"。或许是这个道理。

禅家最重"了了常知"四字。吾人静中,此心明明白白。及至事务纷乘,此明明白白之心,即消归乌有。学力深者,事务纷乘,此心仍可明明白白,是谓"动静如一"。但是白昼虽明明白白,夜晚梦寐中则复昏迷。学力更深者,梦寐中明明白白,是谓"寤寐如一"。学力极深者,死了亦明明白白,是谓"死生如一"。到了死后亦明明白白,则即说是灵魂永存,亦未始不可。

《楞严经》说:"如来从胸卐字,涌出宝光,其光昱昱,有千百色;十方微尘,普佛世界,一时克编。"这种宝光,当即是电光。阿难白佛言:"我见如来,三十二相,胜妙殊绝,形体映澈,犹如琉璃。尝自思维。此相非是欲爱所生。何以故?欲气蠢浊,腥臊交遘,脓血杂乱,不能发生胜净妙明,紫金光聚。"这是说释迦修养功深,已将血肉之躯,变而为磁电的凝聚体了,故能发出宝光,遍达十方世界。佛民

有通天眼通天耳之说。现在无线电发明,已可证明这种道理。释迦本身,即是一具无线电台,将来电学进步,或可证明佛经所学,——不虚,这"性灵由磁电转变而来"的假设,或亦可以证实了。

老子言道,屡以水为喻;佛氏说法,亦常以水为喻。我们不以空气为喻,所谓不生不灭,不垢不净,不增不减,无古今,无边际,无内外,种种现象,空气是备了的。倘再进一步,以中和磁电为喻,尤为确切。若更进一步,假定"人的性灵,由磁电转变而来",用以读佛老之书,觉得处处迎刃而解。

吾人自以为高出万物,这不过人类自己夸大的话,实则人与物,同是从地球上出来的,身体的元素,无一非地球中的物质。自地球看来,人与物并无区分,仿佛父母生二子,长子曰"人",次子曰"物",不过长子聪明,次子患瘫病而又聋哑罢了。人身的物质,和地球的物质,都是电子构成的。吾人有灵魂,地球也有灵魂;地球的灵魂,就是磁电。通常所说的地心引力,就是磁电吸力的表现。地球的物质变为植物,同时地球的磁电即变为植物的生机。吾人食植物,物质变为吾身的毛发骨肉,同时磁电即变为吾人的性灵。由泥土沙石,变而为植物,变而为毛发骨肉,愈变愈高等;同时由地球的磁电、变而为植物的生机,变而吾人的性灵,也是愈变愈高等。虽经屡变,而本来的性质仍在,所以吾身的元素与地球的元素相同,心理的感应与地磁的感应相同。惟是既经屡变,吾身的毛发骨肉,与地球的泥土沙石不能无异,吾人的性灵,与地球的磁电不能无异。何以故:在地球为死物,在吾身则为活物。所以用力学规律来看察人事,就当活用,不能死用。

老子说:"有物混成,先天地主,寂兮廖兮,独立而不改,周行而不治,可以为天下母,吾不知其名,字之曰道,强为之名曰大。"老子所说的"道"即释氏所说的"真如"。释说:"山河大地,日月星辰,内外身器,都是由真如不守自性,变现出来的。"其说与老子正同。真如,无所谓有也——实质非空非不空;老子所学的道,也是如此。忽然真如不守自性,变为中和磁电,由是而变现为气体,回旋于太空之中,几经转变,而山河大地,日月星辰,就依次生出了。由是而生植物,生动物,生人类。佛氏所说"阿赖耶识"的状态,与中和磁电的状态最相似。此二者都是冲莫无聊,万象森然,也即是寂然不动,感而遂通。我们可以说:真如变现出来,在为中和磁电,在人为阿赖耶识;犹之同一物质,在地球为泥土沙石,在人则为毛发骨肉。今人每谓人之性灵,与磁电回不相同;犹之无科学知识的人,见了毛发骨肉,即说与泥土沙石迥不相同一样。中和磁电,是真如最初变现出来的,真如不可得见,我们读佛老之书,姑以中和磁电,模拟"道"和"真如"的状态,也可得其仿佛了。

我们假定:"人的性灵,由磁电转变而来。"则佛的诸多说法,与夫宋儒所谓:"如鱼在水,外面水便是肚里水,鱼肚里的水,与鲤鱼肚里水只是一样"。明儒所谓:"盈天地皆心也",等等说法,都可不费烦言而解。中庸说:"喜怒哀乐之未发,谓之中。"大祖说:"不思善,不思恶,正凭么时,那个是明上座本来面目。"广成子说:"至道之精,窈窈冥冥,至道之极,昏昏默默。"庄子说:"心不忧乐,德之至也,一而不变,静之至也"。这都是阿赖耶识的现象,也即是磁电中和的现象。中和磁电发动出来,呈相推相引的使用,而纷纷纭纭的事物就起来了。所以要研究人世事变,当

第五部　厚黑教主传

首先造一臆说曰:"人的性灵,由电转变而来。"但研究磁电,又离不得力学,于是更造一臆说曰:"心理依力学规律而变化"。有了这个臆说,纷纷纭纭的事物,才有轨道可循;而世界分歧的学说,也可以汇归为一。

宗吾谈政治

宗吾谈规划国家大计,目光至少要看到五百年以后,断不能为数十年计,或一二百年计。斯密士原著的一书。缺乏此种目光,行之未及百年,即弊害百出,种下社会革命的祸胎,由资本主义的盛行,酿成世界第一次大战,跟着又要第二次大战。假使他的目光,能注意到今日,或许不至倡出那种说法,孔子礼运大国之说,目光注及数千年后,而下手则从小康做起,这即是先把全部房子式样绘出一步一步的建筑,孔子死了二千多年,他理想的世界,尚未出现,其学说的价值,不惟不因之而损,反愈见其伟大。他悬出一种目标。数千年俱走不到,于是数千年以后的人俱有路可走,不像斯密士达尔文诸人的学说,行了数十年,百十年,即无路可走,处处碰壁,非打仗不可,而且打了仗还是不能解决。所以我国此次制宪,须有远大的计划,即使中间有几部分一时不能实行;但既垂为宪法,定出了目标,大家望着走去,步法才不至混乱,才不至彼此相碰。

先谈政治方面:

他以为要行民主共和制,办法很简单,只消把真正君主

第五部　厚黑教主传

专制国的办法，打一个颠倒，就成为真正的民主共和国了。君主专制国，是一个人做皇帝，我们行民主共和制，是四万万五千万人做皇帝，把一个皇帝权，剖成四万万五千万块，合作做一个皇帝，现在就要研究这每块皇帝权如何行使了。

我国从前的皇帝，要想兴革一事，就把他的主张，提交军机处，由军机大臣议决了，就通饬各省，转饬各县，以及各乡村照办，其办法是由上而下的。民主共和国，以乡村议会，为人民的军机处，乡村议员，为人民的军机大臣，人民对于国家想兴革一事，即提交村议会，经村议员议决了，提交区议员，由是而县议会，而省议会，而国会，经国会议决了，即施行，其办法是下而上的，与君主专制国，恰成一反对形式。

君主专制时代，军机大臣的议决案，须奏请皇帝批准，方可施行。民主共和时代，国会的议决案，须经全体人民投票认可，方能施行。小事由国会议决施行；大点的事，由各省议决施行；再大的事，由各县议会议决施行；顶大的事，才由全体人民投票公决，最困难的，是如何能使四万万五千万人，直接投票，直接发表意见，不致为人操纵舞弊，这就须大费研究。

第一要紧的，是整顿户籍。每县分若干区，区之下分若干村，村之下分若干保，每保分若干甲，每甲辖十家。投票不分男女老幼，一人有一投票权，一生下地，即可取得此权的投票权，以家长为代表。例如某甲家有十人，某甲一票，即算十票；某丁家有八人，某丁一票，即算八票，用二联单，记名投票。甲长亲到各家收票、列榜宣示：某甲家十票可决，某丁家八票否决……榜末合计，本甲可决者共若干票，否决者共若干票；投票之家，持存根前往查对无误后，

甲长送之保长。保长又列榜宣示：第一甲可决者若干票，否决者若干票；第二甲可决者若干票，否决者若干票。将榜送之区长，由是而县，而省，而中央，层层发榜，最终以多数决定。这是就关于全国的大事而言，关于省市县的事，当仿此办理。

　　我国人民，对于国事，向不过问，要他裁决大政，判定可否，他是茫然不解的，所以必须训政。训政的责任，当为村议员。村议员，一方面为军机大臣，一方面又为太师太傅太保。凡是村议员，其知识当然比农民高，对于国事自能明了。每当裁决大政时，先由村议员公开讲演，使众人了解真相，应投可决票或否决票，由各人自行判断，归家书票，等候甲长来取。人民有议案，直接向村议会提出；有不了解之事，亦可向村议员请问。如此办法，于人民很是便利。

　　选举大总统，由四万万五千万人直接投票。投票时，也以家长为代表。每票举三人，如投票人中意，认为可当大总统者只有一人或二人，则票上即只写一人或二人。例如某甲票上写赵一等三人，某甲家有十口，则赵一等即为各得十票；某乙票上写钱二等二人，某乙家有八口，则钱二等即为各得八票。用二联单，记名投票。甲长亲到各家将票收齐后，即列榜宣示：某甲家举赵一等三人，某乙家举钱二等二人……榜末合计，赵一共得若干票，钱二共得若干票……第二甲，孙三得若干票，李四得若干票……合计赵一共得若干票，钱二共得若干票，孙三共得若干票，李四共得若干票。由保而区，而县，而省，而中央，层层发榜，以最多数之一人为大总统，次多数之二人为副总统。大总统任期四年，如中途病故，或经全国人民总投票撤职，即以副总统代理，以凑满四年为止。第一任大总统于某年某月某日就职，以后每

第五部 厚黑教主传

满四年,于同月同日,新任大总统必须就职;旧任大总统,得票最多数,可以连任。

人民如欲弹劾大总统,即可向村议会提出弹劾案;经村议会议决,以全村名义向区议会提出;区议会议决,以全区名议,向县议会提出;由是而省议会;而国会;经国会议决,弹劾案成立,送交大总统,请其自行答辩。然后由国会将弹劾案及答辩书,加具按语,刊印成册,发布全国,由人民裁决。对于大总统,或留任,或免职,仍用总投票办法,层层发榜,取决于多数。省长、县长,以及保长甲长,人民行使选举权,罢免权,亦参酌此法办理。

大总统违法,经人民总投票,正式免职后,可收交付审判,处其刑,处枪毙,都是可以的。独是未经正式免职以前,大总统在职权内所发出的命令,任何人都该绝对服从,有敢违反者,大总统得法制裁之。

民主共和国,以取法君主专制国为原则,不过把君主的办法,一一拿在人民的手中去行使罢了。君主时代,知县有司法权,今后仍当以司法权授予县长。县长延请精通法律的人为司法官,司法官对县长负责,县长对人民负责,如审判不公,人民弹劾县长撤换县长就是了。昔日衙门黑暗,是人所尽知的,但现在的司法机关,也易受人蒙蔽。往往事之真相,本地人士,昭然共见;而法庭调查的结果,适得其反。今后当以调查或和解的责任,加之村长和区长。人民有争执事件,先诉诸村长,村长调查明白,即予以调解,如不服,诉诸区长。村长应将调查所得,及调解经过情形,备文送之区长。区长即当再调查,再调解,如不服,诉诸县长。区长又备文送之县长,如仍不服,诉诸省,诉诸中央。村长区长,可依本省习惯法处理;县长以上,则当按国家法律来

解决。

　　民对于任何机关，如有疑点，都可自请往查。假如某甲对于国际贸易局或中央银行，疑其弊，即可向本村议会提议："该局或该行，有某点可疑，我要亲往彻查。"村议会询明议决，即向区议会提议本村拟派某甲往查某事。区议会议决，即向县议会提出，由是而省议会，而国会。国会开会议决后，即行知该局或该行，听候彻查。某甲查出有弊，即依法提出弹劾案；如无弊，即在中央报纸声明："我所疑某点，今已查明无弊"。倘不提弹劾案，又不声明无弊，则某甲应受处分。亦或某甲声明无弊，经某乙查出有弊，则某甲应受处分。其他省市县所辖的机关及工厂等，亦均仿此。

第五部　厚黑教主传

现在民主主义，和独裁主义，两大潮流，互相冲突，非将两种主义融合为一，冲突是不能免的。中山先生曾说：美国制宪之初，主张地方分权者，认为人性不善的；主张中央集权者，认为人性不尽是善的。故知民主主义和独裁主义的冲突，仍是性恶性善问题的冲突。但人性是浑然的东西，无善无恶，所以制定宪法，应当将地方分权和中央集权，合而一之。

上述的办法，如能一一做到，则是我国四万万五千万人，有四万万五千万根力线，根根力线，直达中央，成为一个极健全的合力政府。大总统在职内发出的命令，人民当绝对服从，俨然专制国的皇帝一般，是为独裁主义。大总统的去留，操诸人民手中，国家兴革事项，由人民议决，是为民主主义，如此，则两大潮流，即可融合为一了。

现在的政党，无不以夺取政权为目的，第一要争夺的，即是大总统一席，所以应把大总统留在最后来选，先将制定的宪法，拿在一村一区试验。一村一区行得通，一县一省一国即行得通。

施行宪法，当以村为起点，全国实行为终点：以民选村长为起点，民选大总统为终点。这样，可以使热心于宪政的人，回到乡村去，作脚踏实地的工作，这样，民主政治的基础，才能得到真正的稳固。于是，逐渐发展开来，而县，而省，而中央，才不至躐等。这种组织方法一经完成后，政党即归于天然的消灭。即使还有政党，也变成了一种学术性团体，既不能操纵国家政权，只有把他们的政见，著书立说，在全国范围内广泛宣传，希望人民采纳，以期人民了解。各党各派之间，公平竞争。这便等于孔子墨子著书立说，同时，又亲自周游列国，游说各路诸侯一般。

宗吾谈经济

宗吾对于经济是:他以为要改革经济制度,首先应将世间的财物,何者应归公有,何者应归私有,划分清楚,公者归之公,私者归之私,社会上才能相安无事。

第一项:地球生产力:洪荒之世,地球是禽兽公有物,后来人类出来,把禽兽打败了,地球就成为人类的公有物。所以地球这个东西,应该全人类公共享受,根本上不能用金银买卖。资本家买去,招佃收租,固是侵占了公有物;劳动家买去,自行耕种,也是侵占了公有物。何以故呢?假令有人雇工在荒山种树一日,给以大洋二元,他得了报酬,劳力即算消灭。树在山上,听其自然生长,若干年后,出售得价百元或千元。此多得之九十八元或九百九十八元,全是出于地球的生产力。地球既为人类公有物,此多得之九十八元或九百九十八元,即应由全人类平摊。劳动家只能享受劳力相当的代价,而不能享受此项生产力。所以说,资本家买去招佃收租,劳动家买去耕种,同是侵占了公有物。因此之故,全国土地,应一律收归公有,由公家招佃收租,其利归全社会享受,方为合理。

第五部 厚黑教主传

第二项，机器生产力：替人作工一日，得大洋二元；作手工业，每日获利，也不过此数，这算是劳力的报酬。若改用机器，每月可获利百元或千元。此多得之九十八元或九百九十八元，仍出于机器的生产力，不是出于工人的劳力。当初发明机器的人，业将发明权放弃，机器便成为人类的公有物。此九十八元或九百九十八元，即应归全人类平摊。旧日归厂主所有，是侵占了公有物。所以应该收归公有；工人作工，给以相当的代价；由机器生产出的利益，归全社会享受，方为合理。

第三项，脑力和体力：世间之物，只有身体是个人私有的。由身体又发出两种力：一是脑中的思考力，一是手足的运动力。这两种力，即是个人的私有物。社会上想用它，就应出以相当的代价；并且出售与否，各人有完全自主权，不能任意加以侵犯。

基于上面的看法，即可定出一条原则："地球生产力，和机器生产力归社会公有，脑力和体力，归个人私有。"依据这个原则，以改革经济制度，社会与个人自然相安无事。

斯密士主张营业自由，个人的脑力和体力，可以尽量发展，这层是合理的，但他同时主张有金的人，可购土地以收佃租，可购机器以开工厂，就未免夺公有物以归私了。马克思主张土地和工厂，一律收归公有，这层是合理的；但他同时主张强迫劳动，认为个人的脑力和体力，是社会的公有物，就未免夺私有物为归公了。惟有中山先生的民主主义，公者归之公，私者归之私，有斯密士马克思之长，而无其流弊。故世界经济学，可分三大派；斯密士为一派，是个人主义；马克思为一派，是社会主义；中山先生则融合个人主义和社会主义，而独成一派。

马克思讲共产，中山先生也讲公产；马克思是"共现在"，中山先生是"共将来"；马克思是"收归公有"，中山先生是"购归公有"，现在可本中山先生遗意，定出一条原则："金钱可私有，土地和机器不能私有。"于是将私人所有的土地，和使用机器的工厂，一律购归公有，就成为"共将来不共现在"了。但是全国的工厂如此之多，土地如此之广，购买之款，从何而出呢？

　　于此当首先定出一条法令曰："银行由国家设立，私人不得设立。人民有款者，存之银行。需款者，向银行贷用。其有私相借贷者，法律上不予保护，因借贷而涉讼者，其款没收归公。藏巨款于家而被劫窃者，贼人捕获时，其款亦予以没收。有存款于外国银行者，查明后，取消其国籍，华侨所在地，设立国家银行，存储华侨之款，由国家转向外国银行，私人不得径往储存。"如此，则人民金钱，集中国家银行，即可供一切之应用。至银行月息多少，视随时情况而定。如假定存入为月息一分，贷出为一分半或二分，即无异于以金钱放借者，缴所得税三分之一或二分之一与公家。

　　首都设中央银行，各省设省银行，各县设县银行，县以下设银行和村银行，银行法既已确定，则应属公有的财物，即可着手收买。

　　（1）私立银行，一律取消，其股本存入国家银行，给以月息。

　　（2）使用机器的工厂，和轮船、火车、矿山、铁道等，均收归公有，收入成本，存入国家银行；经理及职工等，悉仍其旧，不予变更，所有红息归缴国库，手续是很简单的。

　　（3）全国土地房屋，一律照价收买。例如，某甲有土地一段，月收租银一百元，即定为价值一万元，存入银行，每

月给以息银一百元。人民需用土地房屋者，向公家承佃。其有土地自耕、房屋自住者，则公共估价，或投票竞佃，以确定其租息，原业主有优先承佃权，如此则全国四万万五千万人，无一人不是佃户，亦即无一人不是地主，是之谓"平均地权"。

（4）国际贸易归公，国内贸易归私。出口货，由人民售之公家，转售外国；入口货，由公家购而售人民，所其自由销售，不再课税。外国人在内地设有工厂者，人民不得与之直接交易。如此则关税无形取消，外货以百元购得者，以一百五十元或二百元，售之人民，即无异值百抽五十，或值百抽百。至外货何者该买，何者不该买，国家自有斟酌，出口入口，两相平衡，我国与外国，两得其益。

以上四者办理完毕后，即可按照全国人口，发给生活费，以能维持最低生活为原则。因为人民即将土地、机器、银行和国际贸易的收益，交之国家，国家即应保障人民的生存权。法国革命，是在政治上要求人权；我们改革经济制度，则注重生存权。中山先生把生活程度分为三级：

（1）需要，即生存。

（2）安适。

（3）奢侈。

现在的经济制度，人民一遇不幸，即会冻死饿死，是以"死"字为立足点，进而求生存，进而求安适和奢侈；发给生活费的办法，则是以"生"字为立足点，进而求安适，求奢侈。生存为社会重心，人人能生存，重心才能稳定。

改革社会，反如医病，有病的部分，应当治疗，无病的部分，不可妄动刀针。从旧经济制度中，将土地、机器、银行和国际贸易，收归国有，这即是有病的部分加以治疗；其

余可恶仍其旧，私人生活，非有害于社会者，不加干涉，这即是无病的部分不动刀针。如此办法，则个人主义和社会主义，两相调和，则中山先生的民主主义，就可实现了。

中山先生屡次说："中华民国，是四万万人的大公司，我们都是这公司的股东。"这种说法，再好没有了——那末，如今全国四万万五千万人，即是四万万五千万股东，以一个人为一股，国中生了一人，即新添一股，死了一人，即取消一股，其股权是很分明的。发给生活费，是各股东按年所分的红息；服务社会者，或劳心，或劳力，给予相当代价，即是股东在公司内服务，于分红息外，各得相当报酬。像这样的组织法，不但是取法工资制，并且是从天然取法来的。说明如下：

1. 取法人身分配血液之法

身体上某部分越劳动，血液的灌注越多，弥补消耗之外，还有余剩，因之越劳动的部分越发达，这就是人体奖励劳动的方法；准此，对于国中的劳动者，就应该有从优报酬。吾人身上还有许多无用的部分，例如男子之乳，即是无用的东西，但既已生在身上，也不能不给以血液，不过因其不工作，灌注的血液较少，所以男子之乳，渐渐缩小；准此，对于国中的任何人，一律发给生活费，以维持最低生活为止，不劳动者待以不死就是了。饮食从总口入，便溺从总口出，饮食在腹中如何消化，如何运转，脑筋全不知道；准此，国际贸易，由政府支配，国内贸易，听人民自由经营，不必过问。

第五部　厚黑教主传

2. 取法天空分配雨露之法

自然界用日光照耀江海池沼，土地草木，把其中的水蒸气取出来，变为雨露，又向地上平均落下，不惟干枯之地，蒙其泽润，就是江海池地，本不需雨露，也一律散给；最妙的，是把草木所含的水分，蒸发出来，又还给他，一转移间，就蓬蓬勃勃地生长起来了。并且枯枝朽木，也同样散给，不因没有生机，就剥夺了享受雨露之权。落在地上之水，听凭草木之根吸取，无所限制，吸多吸少，纯是草木自身的关系，自然界固然容心于其间，准此，土地工厂银行及国际贸易收入，原是从人民身上取出来的，除公共开支而外，不问贫富老幼，不问劳动与否，一律发给生活费，而国中致富的机会，人人均等，这即是取法雨露的无私。

宪法上如规定土地、工厂、银行及国际贸易，一律收归国有，则征兵制、征工制、所得税、遗产税四者，即应废除。当兵者，作工者，具应给以相当代价，如果征兵征工，即是侵犯了体力的私有权。官吏的服务，店人的经营，都是运用脑力的，如果征收所得税，即是侵犯了脑力的私有权。以劳心劳力所获的金钱，遗诸子孙，这是应该的，如果征收遗产税，也是侵犯了脑力和体力的私有权。

有人虑及遗产税，可以发生资本家，那是不相干的。美国的银行大王、汽车大王、煤油大王、商业大王诸人，除银行大王摩尔根外，都是赤贫之子；而摩尔根之致富，并未依赖遗产。他们之所以致富，全靠个人的努力，从事于经营土地、工厂、银行及国家贸易而来。宪法上如把四者定为国家公有，私人不得买卖，这些大王，自然无从产生，这才是根本办法，不再征收遗产税。

土地、工厂、银行及国际贸易四者，收归公有，大资本家无从生产，是富者削低一级；人有生活费，不至冻馁而死，是贫者升高一级。两级中间，为人民活动的余地。中山先生讲民权主义，不主张平头的平等，而主张立足点平等；因之经济上的组织，以不应主张平头的平等，使全国人贫富相等，而应主张立足点平等，使全国人致富的机会相等，欲务农者，向公家承佃土地，欲作工者，向工厂寻觅工作；为官吏，为教员，为商贾，悉任自由，不加限制。因劳动种类的不同，所得的报酬即不同，或贫或富，纯视各人努力与否为断。如此则可促进人民的向上心，社会才能日益进化。犹如地势高下不平，水便滔滔泊泊，奔趋于海，若平而不流，就成为死水了。

第五部 厚黑教主传

古文体之厚黑学

初期的厚黑学,并不是像后来流传的本子,没有所谓《厚黑经》及《厚黑传习录》之类,那只是标题为《厚黑学》的短篇而已。文字是用的古文体,这在宗吾的所有著作中,是仅有体裁。今为保留这节《厚黑学》的形式起见,也可以让读者看看这位厚黑教主的古文笔法如何,将全文照录如下:

吾自读书识字以来,见古之享大名膺厚誉者,心窃异之。欲究其致此之由,渺不可得,求之六经群史,茫然也;求之诸子百家,茫然也;以为古人必有不传之秘,特吾人赋性愚鲁,莫之能识耳。穷索冥搜忘寝与食,如是者有年。偶阅《三国志》,而始憬然大悟曰:"得之矣,得之矣,古之成大事者,不外面厚心黑而已!"三国英雄,曹操其首也,曹逼天子,杀皇后,粮罄而杀主者,昼寝而杀幸姬,他如吕伯奢、孔融、杨修、董承、伏完等,无不一一屠戮,宁我负人,毋人负我,其心之黑亦云至矣。次于操者为刘备,备依曹操、依吕布、依袁绍、依刘表、依孙权,东窜西走,寄人篱下,恬不知耻,而稗史所记生平善哭之状,尚不计焉,其

面之厚亦云至矣。又次则为孙权，权杀关羽，其心黑矣，而旋即媾和，称臣曹丕，其面厚矣，而旋即与绝，则犹有未尽厚黑者在也。总而言之，操之心至黑，备之面至厚，权之面与心不厚不黑，亦厚亦黑。故曹操深于黑学者也；刘备深于厚学者也；孙权与厚黑二者，或出焉，或入焉，黑不如操，而厚亦不如备。此三子，皆英雄也，各出所学，争为雄长，天下于是乎三分。此后，三子相继而殁，司马氏父子乘时崛起，奄有众长，巾帼之遗而能受之，孤儿寡妇而能忍欺之，盖受曹刘诸人孕育陶铸，而集其大成者，三分之天下，虽欲不混一于司马氏不得也。诸葛武侯天下奇才，率师北伐，志决身歼，卒不复汉室，还于旧都，王佐之才，固非厚黑名家之敌哉！

吾于是返而求之群籍，则响所疑者，无不涣然冰释。即以汉初言之，项羽喑哑叱咤，千人昏厥，身死东城，为天下笑，亦由面不厚，心不黑，自速其亡，非有他也。鸿门之宴，从范增计，不过一举手之劳，而太高祖皇帝之称，羽已安坐而享之矣；而乃徘徊不决，俾沛公乘间逸去。垓下之败，亭长舣船以待，羽则曰："籍与江东子弟八千人渡江而西，今无一人还，纵江东父兄怜而王我，我何面目见之？纵彼不言，籍独不愧于心乎？"噫，羽误矣！人心不同，人面亦异，不一审他人所操之术，而曰此天亡我，非战之罪也，岂不谬哉？沛公之黑，由于天纵，推孝惠于车前，分杯羹于俎上，韩彭菹醢，兔狗烹，独断于心，从容中道。至其厚学、则得自张良，良之师曰圯上老人，良进履受书，顿悟妙谛，老人以王者师期之。良为他人言，皆不省，独沛公善之，尽得其传。项王忿与挑战，则笑而谢之；郦生责其倨见长者，则起而延之上坐，韩信乘其困于荥阳，求为假王之镇

第五部 厚黑教主传

齐,亦始怒之,而终忍之;自非深造有得,胡能豁达大度若是?至吕后私辟阳侯,佯为不知,尤其显焉者。彼其得天既厚,学养复深,于流俗所传君臣父子兄弟夫妇朋友之伦,廓而清之,翦灭群雄,传祚四百余载,虽曰天命,岂非人事哉?

楚汉之际,有一人焉,厚而不黑,卒归于败者,韩信是也,胯下之辱,信能忍之,其厚学非不优也。后为齐王,果听蒯通之说,其实诚不可言。奈何惓惓于解衣推食之私情,贸然曰:衣人之衣者,怀人之事;食人之食者,死人之事?长乐钟室,身首异处,夷及九族,有以也。楚汉之际,有一人焉,黑而不厚,亦归于败者,范增是也。沛公破咸阳,击子婴,还军灞上,秋毫无犯,增独谓其志不在小。必欲置之死地而后已。既而汉用陈平计,间疏楚君臣,增大怒求去,归未至彭城,疽发背死。夫欲图大事,怒何为者!增不去,项羽不亡,苟能稍缓须臾,除乘刘氏之敝,天下事尚可为;而增竟以小不忍,亡其身,复之其君,人杰固如是乎?

夫厚黑之为学也,其法至简,其效至神,小用小效,大用大效,沛公得其全而光汉,司马得其全而光晋,曹操刘备得其偏,割据称雄,炫赫一世。韩信范增,其学亦不在曹刘下,不幸遇沛公而失败,惜哉!然二子虽不善终,能以一长之畏,显名当世,身死之后,得于史传中列一席地,至今犹津津焉乐道之不衰,则厚黑亦何负于人哉?由三代迄于今,帝王将相,不可胜数,苟其事之有济,何一不出此?书策俱在,事实难诬。学者本吾出以求之,自有豁然贯通之妙矣。

世之衰也,邪说充盈,真理汩没,下焉者,诵习感应篇阴骘文,沉迷不反;上焉者,狃于礼义廉耻之习,碎碎吾道,弥近理而大乱真。若夫不读书不识字者,宜乎至性未

漓,可与言道矣:乃所谓善男信女,又幻出城隍阁老牛头马面刀山剑树之属,以慑服之,缚束之,而至道之真,遂隐而不见矣。我有面,我自厚之;我有心,我自黑之,取之裕如,无待于外。钝根众生,身有至实,弃而不用,薄其面而为厚所贼,白其心而为黑所欺,穷蹙终身,一筹未展,此吾所以叹息痛恨上叩穹苍而代诉不平也。虽然,厚黑者,秉彝之良,行之非艰也。愚者行而不著,习而不察;黠者阳假仁义之名,阴行厚黑之实,大道锢蔽,无所遵循,可哀也已。

第五部　厚黑教主传

"有志斯道者，毋忸怩尔色，与厚太忒，毋坦白尔胸怀，与黑违乖。其初也，薄如纸焉，白如乳焉。日进不已，由分而寸而尺而寻丈，乃垒若垣然。由乳色而灰色而青蓝色，乃黯若石炭然。夫此犹其粗焉者耳；善厚者必坚，攻之不破；善黑者有光，悦之者众。然犹有迹象也：神而明者，厚而无形，黑而无色，至厚至黑，而常若不厚不黑，此诚诣之至精也。曹刘诸人，尚不足语此，求诸古之大圣大贤，庶几一或遇之。吾生也晚，幸窥千古之不传之秘，先觉觉后，舍我其谁？亟发其凡，以告来哲。君子之道，引而不发，跃如也。举一反三，贵在自悟。老子曰：上士闻道，勤而行之；中士闻道，若存若亡；下士闻道，大笑之，不笑不足以为道，闻吾言而行者众，则吾道伸；闻吾言而笑者众，则吾道绌。伸乎绌乎？吾亦任之而已。"

他把这篇文章写出来，果然廖绪初就为他作了一序，以后谢绶青也为他写了一跋。当时他未用本名，是用的别号"独尊"二字，盖取"天上地下，惟我独尊"之意。绪初也是用的别号，取名"淡然"。廖的序云：

"吾友独尊先生，发明《厚黑学》，恢诡谲怪，似无端崖；然考之中外古今，验诸当世大人先生，举莫能外，诚宇宙间至文哉！世欲从斯学而不得门径者，当不乏人。特劝先生登诸报端，以饷后学。异日将此理扩而充之，刊为单行本，普度众生，同登彼岸，质之独尊，以为何如？

民国元年，三月，淡然。"

谢的跋云：

"独尊先生《厚黑学》出，论者或以为讥评末俗，可以导人为善；或以为击破混沌，可以导人为恶。余则曰：《厚黑学》无所谓善，无所谓恶，如利刃然，用以诛盗贼者则

善，用以屠良民则恶，善与恶，何关于刃？用《厚黑学》以为善则为善人，用《厚黑学》以为恶则为恶人，于厚黑无与也。读者当不以余言为谬。谢绶青跋。"

于是《厚黑学》就从此问世了。果然不出王简恒雷民心诸人所料，《厚黑学》发表出来，读者哗然，他虽是用的笔名，却无人不知《厚黑学》是李宗吾作的。"淡然"二字，大家也晓得是廖绪初的笔名。但廖大圣人的称谓，依然如故；而宗吾则博得了"李厚黑"的徽号。当时，他也曾后悔不听良友的劝告，继而以为此事业已作了，后悔又有什么用呢？倒不如把心中所积蓄的道理痛痛快快地说出来，任凭世人笑骂好了。于是而又采用四句的文句，写了一篇《厚黑经》；袭取宋儒的语录体，写了一篇《厚黑传习录》，在他的《传习录》中，又特别提出"求官六字真言"，"做官六字真言"，及"办事二妙法"三项，加以详说，以为古今的"官场现形"绘出一逼真的写照，而自己便索性以"厚黑教主"自命，甘愿一身担当天下人的笑骂，大有耶稣背十字架的精神，笑骂也由他，杀戮也由他。

第五部 厚黑教主传

主张考试被打

民国十一年，宗吾同省视学游子奉命考查教育，见到南北各省学校办理的成绩，比较上虽不无优秀的差异，但同在现行教育制度束缚之下，是不会有理想发展的。因此他考查归来，即力行实行考试制，以救其弊。十二年下学期，成都开"新学制会议"，他便同几位省视学，及会员多人，提出考试案，开会讨论，未蒙通过。会毕，他即单独上一呈文，主张各校学生毕业，应由政府委员考核，即后此十年，教育部才颁令全国的会考制度。他于呈文中列举理由十六项，并请在原籍富顺试办，经省署核准，委他为主试委员，于十三年暑假举行，后来推广于川南各县。十四年年假，叙州府联立中学学生毕业，他复为主试委员，考了几场，一夜学生多人，手持木棒哑铃，把他拖出寝室，痛打一顿。据他说，打时秩序非常之好，全场静静悄悄，学生寂无一语，他也默不作声，学生只是打，他只是挨，学生打够了，临走，骂道："你这个狗东西，还主不主张严格考试？"他躺在地上，想道："只要打不死，又来！"学生走后，他请宜宾知事来验伤，将伤单粘卷，木棒哑铃，存案备查，次晨，又请该

校校长到床前,他便口授电文,呈报上峰,历述经过情形,末云:"自经此次暴动,愈见考试之必要,视学身受重伤,死生莫卜,如或不起,尚望厉行考试,挽此颓风,生平主张,倘获见诸实行,身在九泉,亦当引为大幸!"痛伤稍愈,即宣布继续考试,他裹伤上堂,勒令全体学生,一律就试,不许一人不到,就是打他的学生也无例外,但场规较前更加严厉了,学生也只得规规矩矩的考下来。事后,他作一书,叫做《考试制度之商榷》,说明考试的必要,尤其注重学制的改革,由教育厅印发各县讨论。他常常对人说:"不经这一次痛打,我这本书是作不出的,所以对于该生等,不能不深深的感谢!"

他以为这次的挨打,是十分应该的,因为当时各地的学生,都在运动废除考试,而他偏偏主张严格考试,又不曾宣传详细的理由,哪能不挨打呢?自经这次苦打以后,他才得了一种觉悟,凡事固然重在实行,尤其重在宣传,他之所以被打的原因,是由于一般人对考试制怀疑,所以才生出反对的事来。王安石的新法,本来是对的,当他在鄞县做官的时候,曾经试办过,人人都称便利,但他做了宰相,就他的新法推行天下,就遭了一个大大的失败。要说他没有毅力吗?他是天变不畏,人言不恤的,其担当宇宙的气概,是古今不可多得的人物。要说他的新法不好吗?他死去以后,他的法子几乎完全被人采用,还有许多法子一直行到今日,不过把名称改一下或把办法略略修正一下就是了。然则王安石何以当时会失败呢?这就是他少了一层宣传的手续。当时的名流,如司马光苏东坡诸人,都不能了解,一齐反对他,彼此各走极端,结果两败俱伤,不但人民吃亏,国家吃亏,反种下来后来亡国的因素,真可说是不幸之至——假如王安石不

第五部 厚黑教主传

亟亟实行,先从宣传着手,把他的法子提出来,听人指驳,取消那种执拗态度,容纳诸贤的意见,把那法子酌量修改,诸贤也不泯守祖宗的成法,把那法子悉心研究,经过长时间的辩论,然后折衷一致,大家同心协力做去,岂不是很好的事吗?宗吾心中有了这个见解,所以他把主张考试的意见,就发表了出来。

怕老婆哲学

黑主生平好写滑稽文字，或用杂文体，或用小说体，无一篇不是嬉笑怒骂，语含讽刺。有人说："黑主在世，是天地间一大讽刺"，我亦云然。他不仅讽刺世人，有时也讽刺自己。不过当他讽刺自己的时候，更是恶毒地讽刺世人，这是他一贯的伎俩。例如他倡厚黑学，明明是借骂世人的；但他偏偏一身独当，自居为厚黑教主，而有《厚黑经》、《厚黑传》、《厚黑传习录》的写作。如果有人质问他："你为什么骂人呢？"他必然回答道："我怎敢骂人？我是骂我自己。"试问你对他又有什么办法呢？本篇首先要介绍的是他所著的《怕老婆的哲学》一文，仍是袭取这种故智，他著此文的动机，想是鉴于吾国的伦常，日趋乖舛。所谓五伦，几乎是破坏殆尽的，社会上无非这些"好货财和妻子"的东西；但他却不像道学家们的一贯作风，说什么"世风不古，江河日下"的慨叹之词。他竟喊出"怕老婆"的口号，加以提倡，而且著为专论，名之曰哲学，末附"怕经"，以比儒家的"孝经"，这种讽刺，真可说是恶毒极了！他自己怕不怕老婆，我们不甚知道；但他曾极力主张当约些男同志，设立

第五部　厚黑教主传

"怕学研究会"，共相研讨，俨然以"怕学"研究的会长自居，这不又是一种现身说法吗？

他那自称哲学的文章，大意是说：大凡一国的建立，必有一定的重心，我国号称礼教之邦，首要的就是五伦。古之圣人，于五伦中特别提出一个"孝"字，以为百行之本。所以说，"事君不忠非孝也，朋友不信非孝也，战阵无勇非孝也。"全国重心，建立在一个"孝"字上，因而产生种种文明，我国雄视东南亚数千年，并不是无因。自从欧风东渐，一般学者，大呼"礼教吃人"，首先打倒的就是"孝"字，全国失去重心，于是谋国就不忠了，朋友就不信了，战阵就无勇了。有了这种现象，国家焉得不衰落，外患焉得不侵凌？因此必须另寻一个字，作为立国的重心，以替代古之"孝"字，这个字仍当在五伦中去寻。我们知道：五伦中君臣是革了命，父子是平了等的，兄弟朋友更是早早已弃了的；所幸五伦中尚有夫妇一伦存在，我们应当把一切文化，建立在这个伦上。天下的儿童，无不知爱其亲也，积爱成孝，所以古时的文化，建立在"孝"字上；世间的丈夫，无不爱少妻也，积爱成怕，所以今后的文化，应当建立在"怕"字上。于是怕老婆的"怕"字，便不得不成为全国的重心了。

他说"怕学"中的先进，应该是首推四川。宋朝的陈季常，就是顶顶有名的怕界巨擘，河东狮吼的故事，已传为怕界的佳话了。所以苏东坡赞以诗曰："忽闻河东狮吼，柱杖落手心茫然。"这是形容他当时怕老婆的状态，算是灵魂无主，六神出窍的。但陈季常并非阘茸之徒，他是有名的高人逸士。高人逸士，都如此地怕老婆，可见怕老婆一事，应当视为天经地义。东坡又称述他道："环堵萧然，而妻子奴婢，

皆有自得之意。"这是证明了陈季常肯在"怕"字上做工夫，所以家庭中才收到这种良好的效果。

时代更早的，还有一位久居四川的刘先生，他对于"怕学"一门，可说是以发明家兼实行家。他新婚之夜，就向孙夫人下跪，后来困处东吴，每遇着不了的事，就守着老婆痛哭，而且常常下跪，无不逢凶化吉，遇难呈祥。他发明这种技术，真可说是度尽无边苦海中的男子。凡遇着河东狮吼的人，可把刘先生的法宝取出来，包管闺房中顿呈祥和之气，其乐也融融，其乐也泄泄。

他更从史事来证明：东晋而后，南北对峙，历宋齐梁陈，直到隋文帝出来，才把南北统一，而隋文帝就是最怕老婆的人。有一天，独孤皇后发了怒！文帝怕极了，跪在山中，躲了两天，经大臣杨素诸人把皇后劝好了，才敢回来。"怕经"曰："见妻如鼠，见敌如虎。"隋文帝之统一天下，谁曰不宜？

隋末天下大乱，唐太宗扫灭群雄，平一海内，他用的谋臣房玄龄也是一位最怕老婆的人，他因为常受夫人的压迫，无计可施，忽然想到：太宗是当今天子，当然可以制服她。于是就向太宗诉苦，太宗说："你喊她来，等我处置她。"哪知房太太几句话就说得太宗哑口无言，便私下对房玄龄说："你这位太太，我见了都怕她，此后好好的服从她的命令就是了。"太宗见了臣子的老婆都害怕，真不愧为开国明君。

我国历史上，不但要怕老婆的人，才能统一全国；就是偏安一隅，也非有怕老婆的人，不能支持危局，从前东晋偏安，全靠王导谢安，出来支持；而他们两人，都是"怕学"界的先进。王导身为宰相，兼充清谈会的主席。有一天手执麈毛，坐在主席位上，谈得正起兴时，忽然报道："夫人来

第五部　厚黑教主传

了！"他连忙跳上辎车就跑，弄得狼狈不堪。但他在朝廷中的功劳最大，竟获得天子九锡之宠。推根寻底，全是得力于怕字诀。苻坚以百万之师伐晋，谢安围棋别墅，不动声色，把苻杀得大败，也是得力于怕字诀。因为大家知道的：谢安的太太，把周公制定的礼改了，拿来约束他的丈夫，谢安在他夫人的名下，受过严格的训练，养成泰山崩于前而色不变的习惯，苻坚怎见是他的敌手。

他如此主张怕老婆的重要，自不免启人之疑。所以有人问他道："外患这样严重，如果再提倡'怕学'，养成怕的习惯，敌人一来，以怕老婆的心理怕之，岂非要亡国吗？"他说："这却不然，从前有位大将，很怕老婆，有天愤然道：'我怕做甚？'传下将令，点集大小三军，令人喊他夫人出来，打算以军法从事。他夫人出来，厉声问：'喊我何事？'他惶恐伏地道：'请夫人出来阅兵'。"此事经他多方考证，才知道是明朝戚继光的事。但他不但觉得不奇怪。继光虽然行军极严，他儿子犯了军令，就把他斩首；可是夫人寻他大闹，他自知理屈，不敢声辩，就养成怕老婆的习惯；谁知道一怕反把胆子吓大了，以后日本兵来，他都不怕，就成为抗日的英雄。因为日本虽可怕，总不及老婆的可怕，所以他敢于出战。凡读过希腊史的人，想都知道斯巴达每逢男子出征，妻子就对他说："你不战胜归来，不许见我之面！"一个个奋勇杀敌，斯巴达以一丛小国，遂崛起称雄，倘平日没有养成怕老婆的习惯，怎能收此效果呢？

他不但由历史上证明了应当怕老婆的至理名言，而且他更从政治舞台上的人物去考察，得出的结论是官级越高的，怕老婆的程度越深，官级和怕的程度，几成为正比例。于是由古今的事实，又归纳出精当的定理，而特著"怕经"若干

条,垂范后世。

教主曰:夫怕,天之经也,地之义也,民之行也。五刑之属三千,而罪莫大于不怕。

教主曰:其为人也怕妻,而敢于在外为非者鲜矣。人人不敢为非,而谓国之不兴者,未之有也。君子务本,本立而道生,怕妻也者,其复兴中国之本屿!

教主曰:惟大人为能有怕妻之心,一怕妻而国本定矣。

教主曰:怕学之道,在止于至善,为人妻止于严,为人夫止于怕,家人有严君焉,妻之谓也。妻发令于内,夫奔走于外,天之大义也。

教主曰:大哉妻之为道也!巍巍惟天为大,惟妻则之,荡荡乎无能名焉!不识不知,顺妻之侧。

教主曰:行之而不着焉,习矣而不察焉,终身怕妻,而不知为怕者众矣。

教主曰:君子见妻之怒也,食旨不甘,闻乐不乐,居处不安,必诚必敬,勿之有触焉耳矣。

第五部 厚黑教主传

教主曰：妻子有过，下气怡色柔声以谏，谏若不入，起敬起长；三谏不听，则号泣而随之；妻子怒不悦，挞之流血，不教疾怨，起敬起畏。

教主曰：为人夫者，朝出而不归，则妻倚门而望，暮出而不归，则妻倚闾而望。是以妻子在不远游，游必有方。

教主曰：君子之事也，视于无形，听于无声。入闺房，鞠躬如也。不命之坐，不敢坐；不命之退，不敢退。妻忧亦忧，妻喜亦喜。

教主曰：谋国不忠非怕也，朋友不信非怕也，战阵无勇非怕也。一举足而不敢忘妻子，一出言而不敢忘妻子。将为善，思贻妻子令名，必果；将为不善，思贻妻子羞辱，必不果。

教主曰：妻子者，丈夫所指而终身者也。身体发肤，属诸妻子，不敢毁伤，怕之始也；立身行道，扬名于后世，以

显妻子，怕之终也。

　　右经十二章，据他说"为怕学入道之门，其味无穷。为夫者，玩索而有得焉，则终身用之，有不能尽者矣。"最后，他对于今后的历史家，尚有此建议；旧礼教注重"忠孝"二字，新礼教注重"怕"字，我如说某人怕老婆，无异誉之为忠臣孝子，是很光荣的。孝亲者为"孝子"，忠君者为"忠臣"，怕妻者当名"怕夫"。旧日史书，有"臣传"、有"孝子传"、将来民国的史书，一定要立"怕夫传"。

返本线的发明

我们当还记得他发明一条公例："心理变化，循力学公例而行"，于是他想遵用这条公例，觉得学术的演变，也有轨道可循，如果知道了从前的学术是如何演变，即可推测将来的学术当向何种途径发展。他说："自开辟以来，人类在地球上走来走去，自以为自由极了，三百年前，出了一个牛顿，发明地心引力，才知道任你如何走，终要受到地心引力的支配。人类的思想，自以为自由极了，若把牛顿的学说扩而大之，应用到心理学上，即知道任何思想如何自由，终有轨道可循。人世上一切事变无不有力学公例行乎其间，不过一般人习而不察，等于牛顿以前的人，不知有地心引力一样。"因此，他对于中国学术的趋势和世界学术的交流，也是持此看法的。

他说：我国以往的学术有两个时期，第一是周秦诸子，第二是赵宋诸儒。这两个时期的学术，都带有创造性。汉魏晋南北朝隋唐五代，是承袭周秦时代的学术而加以研究，元朝是承袭汉宋时代的学术而加以研究，清朝是承袭汉宋时代的学术而加以研究，但缺乏创造性。周秦是中国学术独立发

达时期,赵宋是中国学术和印度学术融合时期。周秦诸子,一般人都认孔子为代表,殊不知孔子不是为代表,要老子才是代表。赵宋诸儒,一般都认为朱子为代表,殊不知朱子不足以代表,要程明道才足以代表。现在已经入第三时期了,世界大通,天涯比邻,中国印度西方学术融合时期,学术的进化,其轨道是历历可寻的。知道从前由印度两方学术融合出以某种方式即知将来中西印三方学术融合当出其某种方式。我们用鸟瞰法升在空中,如看河流入海,就可把学术上的大趋势看出来。

他说,《老子》一书,是周秦学派的总纲,诸子书是细目。诸子是总纲中提出一部分,加以发挥,只能说他们研究得精细,却不出老子的范围。宇宙真理,是浑然的一个东西,最初的蒙蒙昧昧的,像一座绝大的荒山,无人开采。后来偶有人在山拾得点点珍宝归来,人人惊异,于是大家相约上山开采,有得银的,有得铜铁锡的,虽然所得不同,总是各有所得。作河图洛书的,是偶尔拾得珍宝的人;周秦诸子,是相约上山开采的人;这些人中,老子所得的东西最多。老子把宇宙真理,古今事变,融会贯通,寻出他变化的规律,定名曰"道"。道者路也,即是说,宇宙万事万物,非走这条路不可。把这种规律,笔之于书,即名之曰:"道德经",根据已往的事变,就可推测将来的事变,故曰:"执古之道,以御今之有。"

老子洞明万事万物的轨道,有得于心,故老子言"道德"。孔子在老子后,明白此理,就用以治人"故孔子言'仁'。"孟子继孔子之后,故言仁必带一个"义"字。荀子继孟子之后,注重"礼"字,韩非学于荀子,知礼字不足以范围人,故又讲"法术刑名"。这都是时会所趋,不得不

然，世人见"道德"流为"法术刑名"，就归咎于老子，说是申韩的刻薄寡恩，渊源于老子；殊不知中间还有"道德"流为"仁义"一层，由"仁义"才流为"法术刑名"的。言仁义者无罪，言道德者有罪，实不能不为老子叫屈。

　　道流而为德，德流而为仁，仁流而为义，义流而为礼，礼流而为刑，刑流而为兵。道德居首，兵刑居末，孙子言兵，韩非言刑而其源皆出于老子。如果知道兵刑与道德相通，即知诸子之学无不与老子相通了。老子的三宝：一曰慈，二曰俭，三曰不敢为天下先。孔子的温良恭俭让：俭字与老子同；让字，即老子的不敢为天下先；温良恭三字，比慈字较为具体，足见儒家与老子相通。墨子的兼爱，即是老子的慈；墨子的节用，节是老子的俭。老子言兵："不敢为主而为客，不敢进寸而退尺"。又说"以守则固，墨子非攻而善守，足见其与老子相。"战国的纵横家，首推苏秦，他读的书是阴符经，此书是道家之书，也与老子相类。老子说："天之道，其犹张弓乎，高者抑之，下者举之。"老子此话，是以一个"平"字立论，苏秦六国，每用"宁为鸡口，无为牛后"一类的话，激动六国君主的不平之气，暗中即藏得有天道张弓的原理，与自然之理相合，所以苏秦的说法，能够披靡一世。老子所说"欲取姑与"等话，为后世阴谋家兵家所祖。他如杨朱庄子列子关尹诸人，直接承继老子之学，更不待说。周秦诸子，往往互相诋毁独没有诋毁老子的，即使诸子之学，不尽出于老子也可说老子之学，与诸子不相抵触，既不抵触，也就可以相通。后世讲静功，讲符箓等等，俱记始于老子，更足知老子与百家相通了

　　春秋战国时，列国并争；同时学术界，也是百家争鸣。自秦以后，天下统一；学说也有君主之意，归于统一。秦

时，奉法家的学说，此外的学说，皆在所摈斥。汉初，改而奉黄老，到了汉武帝，从此即专奉孔子之学，但老子的学说，势力仍是很大。于是孔老二教，在中国成为两大河流，以后佛教传入中国，越传越盛，就成了三大河流，同在一个区域内，相推相荡，经过了很长的时间，天然有合并的趋势，于是宋儒的学说，应运而生。

　　要谈宋儒的学说，须先把儒释道三教的异同，加以研究。三教异同，自然古人说得多；但最重要的一点，即是三教均以"返本"为务。孟子说："天下之本在国，国之本在家，家之本在身。"但返至身还不能终止，于是他又说："孩童，无不知爱其亲也；及其长也，无不知敬其兄也。"可知儒家返本，以返至"孩提"为止。老子一书，屡言"婴儿"，婴儿是指才下地者而言。孟子所说的孩提，知爱知敬，是有知识的；老子返本，要进一步，以返至才下地的无欲的婴儿为止。但老子所说的，虽是无知无欲，然犹有心，故曰："圣人无常心，以百姓心为心。"释氏则并此心示无之，以证入涅槃，无人无我为止，禅家常效人"看父母未生前面目"，竟是透过娘胎，较老子的婴儿，更进一步。儒释道三家俱是在一条线上，如图示：儒家由庚返至丁，再由丁返至丙，老子由丁返至乙，佛家由丁返至甲；宗吾呼此线为"返本线"。至此可看出三家的异同；要说他们不同，他们三家都沿着返本线向后而走，这是相同的；要说他们相同，则儒家返至丙点而止，老子返至乙点而止，佛家直返至甲点方止，又可说是不同。所以三教的同与异，都可以说得过去。

第五部 厚黑教主传

前
庚　天下
己　国家
戊　家
丁　身（我）成人时
丙　孩提（知爱知敬）
乙　婴儿（无知无欲）
甲　父母未生前（无人无我）

　　据上图所示，似乎佛氏的境界，非老子所能到；老子的境界，非孔子所能到；则又不然。佛氏说妙常；老子亦说："后命曰常"，又说："玄之又玄，众妙之门。"佛氏的妙常境界，老子何尝不能到呢？佛氏主张破我执破法执，孔子亦说："毋意毋必毋固毋我。"佛氏所谓我执法执，孔子又何尝不能破呢？但三教虽同在一线上，终是个个独立，他们立教的宗旨，各有不同。佛氏要想出世，须追寻至父母未生以前，连心子都打破，方能出世；既是要出世，所以世间的礼乐刑政等等，也就不详加研究了。孔门要治世，是在人事上尽力，人事的发生，以意念为起点，而意念之最纯粹者，莫如孩提之童，做从孩提之童研究起，以诚意为下手工夫，由是而正心修身，以至于齐家治国平天下。他们的宗旨，既是想治世，所以关于涅槃灭度的学理，也就不愿深究了。老子意在窥探造化的本源，故绝圣弃智，无知无欲于至虚至静之中，领会那寂然不动感而遂通的妙理，故取象于初生的婴儿。向后走是出世法，向前走是世间法。他说："多言数穷，不如守中。"此中字，即指乙点而言，是介于入世出世之中的。佛氏三藏十二部，孔子诗书礼乐易春秋，可算说得很多

了。老子却不愿多说，只简简单单的五千多字，扼着乙点立论，含有隐而不发的意味。他的意思，只重把入世出世，打通为一，揭出原理，让人自去研究，不愿多言，所以讲出世没有佛氏那样精，讲世间没法有孔子那样详。总而言之，佛氏专言出世法孔子专言世间法，老子则把出世和世间打通为一，这就是儒释道三教的不同之点。

人情是厌故喜新的，魏晋时代，清谈既久，一般人都有了些厌弃了，适值佛教陆续传入中国，越传越盛，在学术上另开一新世界，朝野上下，群起欢迎。到了唐朝，佛经遍天下，寺庙遍天下，天台华严净土，各宗大行，禅宗有南能北秀，更有新兴的唯识宗，可算是佛学极盛的时代。唐朝自称是老子之后，追尊老子为玄元皇帝，所以道教很盛。孔教是历代所崇奉的，当然也很行盛。三教相推相荡，天然有合并的趋势。那时的儒者，多半研究佛老之学，可说他们都在做三教合一的工作。却不曾把它融合为一。直到宋儒，尤其是程明道，才把这种工作完成了。

程明道以前，虽有孙明复、胡安定、石守道、周莲溪诸儒，作宋开路的先锋，但那只是萌芽时期；到了明道，才吸取三教的精华，以老子思想为主，把它组织成一个个系统，我之所谓宋学。以后的程朱陆王学派，都是从明道分支的。明道为宋学之祖，而明道之学，即相类于老子所以赵宋诸儒，均含老氏意味。宋儒"以释氏之学治心，孔子之学治世"，三者俱是顺其自然之理而行，把治心治世打成一片，恰是走入老子的途径。由此知老子之学，不独可以贯通宋明诸儒。总而言之，即说老子之学，贯通中国全国学术，也不为过。

在宋儒尽管说他们是孔门嫡派，与佛老无关，实际是融

第五部　厚黑教主传

合三教而成，他们的学说俱在，何能掩饰？其实能把三教融合为一，这是学术上最大的成功！他们有了这样的建树，尽可自豪，反弃而不居，自认为孔门嫡传，这是为"门户"二字所误。惟其是这样，我们反把进化的趋势看出来了。儒释道三教，到了宋朝天然合并，宋儒顺着这个趋势做法，自家还不觉得犹如在河内撑船，工作一般，宋儒极力想逆流而上，自以为撑到上游了，殊不知反被卷入大海。假令程朱诸人，立意要做三教合一的工作，还看出天然的趋势；惟其极力反对三教合一，实际上反完成了三教合一的工作，这才见天然趋势的伟大。宋儒学说，所以不能磨灭者，在完成三教合一的工作；其所以为人诟病者，在里子是三教合一，面子偏说是孔门嫡派，就成了"挂羊头卖狗肉"的勾当了。

宋儒的学说，原具有一种革命精神。他们把汉儒的说法全行推倒。另创一说，是具备了破坏和建设两种手段。他们不敢说是自己特创的新说，仍然托诸孔子，假为复古，实是创新。马丁路德的新教，欧洲的文艺复兴，具是走的这条途径。宋儒学说，带有创造性，所以信从者固多，反对者亦不少，大凡新学说出世，都有这种现象。

不过宋儒也有很大的短处，就是门户之见太深，以致发生许多纠葛。其门户之见共有两点：

1. 孔子的人，程子和朱子说的就不对。
2. 同是尊崇孔子的人，程子和朱子说的就对，别人说的就不对。

合此两点，就生出自韩愈以来杜撰的"道德"之说。程朱一般人，生怕这个徒子孙都染有这种恶习，历宋元明清，以至于今，还在争詈不已。此中的病根，就是缺少了一个"量"字。宋儒的才德，二者俱好，惟于"量"字最缺乏。

他们在政治界是这样,在学术界也是这样。君子排斥君子,故生出洛蜀之争;孔子信徒排斥孔子信徒,故生出朱陆之争。

如果不存门户之见,把气量放宽,来鸟瞰学术上的分合之迹,倒也是一种自然的趋势。孔子是述而不作的人,祖述尧舜,宪章文武,融合众说,独成一派。老子书中,常常援引古说,可见他也是述而不作的人,其学说也是融合众说,独成一派。印度有九十六种外道,经过释迦的一一研究,然后另立一说,也是融合众说,独成一派,这种现象,是学术上由分而合的现象。

然一种学说,独成一派之后,本派中跟着就要分派。韩非说:"儒为八,墨离为三。"就是循着这个轨道走的。汉儒研究遗经,成立汉学,跟着又分许多派。老子之学,也分许多派。佛学在印度,分许多派;传入中国,又分若干派。单即宋儒所说佛字禅宗说,自达摩传至五祖,分南北方两派。北神秀,南方慧能。慧能为六祖,他的门下又分五派。明道创出理学一派,跟着就分程(伊川)朱和陆两派。而伊川门下分许多派,朱子门下分许多派,陆王门下也分许多派。这种现象,是学术上由合而分的现象。

宇宙真理,是一个浑然的东西,人类的知识短浅,不能骤窥其全,必定要这样分而又合,合而又分的研究,才能把宇宙的真理研究出来。其方式,是每当众说纷纭的时候,就有人融会贯通,使其汇归于一,这是做的由分而合的工作。既经汇归于一之后,众人又分头研究,这是做的由合而分的工作。只要以探讨真理为归,不过于存主观的见解,无论是由分而合,或是由合而分,这在学术上说,都是有功的;惟有门户之见,道统之说,是要不得的。

第五部 厚黑教主传

吾人现在所处的时代,是西洋学说传入中国,与固有学说发生冲突,正是众说纷纭的时代,我们应该把中西两方学说,融会贯通,努力做由分而合的工作。必定这样,才合得到学术上的趋势。等融会贯通之后,再分头研究,去做由合而分的工作。

但是要做这把中西文化融合的工作,并不是没有宾主之分,一味的将中西文化杂糅在一起,使人发生龃龉,以致影响我们的思想行动,无所适从,如近几年来的混乱现象;是应当以我们数千年来深入人心的民族文化为重心,或采取他人之所长,以补吾人之所短,或吸收他人的精英,以丰富吾人之生命。从前有个故事:鲁国有个男子独处,邻家有个寡妇独处,夜雨室坏,妇人来求托庇,男子闭户不纳。妇人说:"你何不学柳下惠呢?"男子说:"柳下惠则可,我则不可,我将以我之不可,学柳下惠之可。"这事被孔子听见了,就赞叹道:"喜学柳下惠者,莫如鲁男子!"还有九方皋相马,并不取其皮相,是在牝牡骊黄之外。吾国先哲,师法古人,也是遗貌取神,为我学术界最大特色。画家书家,无不如此,我们本此精神,去取用西洋文化,就有利无害了。

从前印度的佛学,传入中国,我国尽量的研究,如此修改或发挥,所有天台、华严、净土诸宗差不多成了中国文化,所以很受一般人的欢迎,就中最盛行的,厥惟禅宗,而此宗在印度,几等于无。惟有唯识一宗,带印度色彩最浓,此宗自唐以来,几乎失传。从此可见印度学说,传入中国,越是中国化的越盛行;带印度色彩越浓的,就不盛行,或至绝迹。我们今后采用西洋文化,仍用采取印度文化的方法,使其一一中国化,好比药料之有炮灸法,把那有毒的部分除去,单留有益的部分就对了。第一步,用老子的法子,合乎

自然趋势的采用，不合的就不采用；第二步，用孔子的法子，凡事先经过良心裁判，返诸吾心而安，然后推行出去。如果能够这样的采用，中西文化，自然可以融合，本此原则，我们今后应走的途径，就可决定了。

西洋人用仰观俯察的法子窥见了宇宙自然之理，因而生出理化等科。中国的古人，行仰观俯察的法，窥见了宇宙自然之理，因而制定各种制度，同是窥见自然之理，一则用之物上，一则用之人事上，双方文化，实有沟通的必要。

中国的古人定的制度，许多地方极无条理，而又极有条理，如所谓父慈子孝，兄友弟恭，在上者仁民爱物，在下者亲上事长之类，隐然磁电感应之理，权利义务，而权利义务自在其中，人与人之间，生趣盎然。西洋人，则人与人之间，划出许多界限，父子夫妇间的权利义务，具用审计学的方式计算，权利义务分明，生趣就减少多了。所以西洋的伦理，应当灌注以磁电，才可把冷酷的气氛改变；但这未免太浑囵了，又当参考西洋组织。果然如此，中西文化，即融合了。

研究学问，就如开矿，中国人、印度人、西洋人，各开一个洞子，向前开采。印度的洞子和中国的洞子，首先打通，现在又与西洋的洞子接触了。宇宙真理，是浑然的一个东西，中国人、西洋人、印度人，分途研究，或从人事上研究，或从物理上研究，分出若干派，各派都是分了又合，合了又分。照现在的趋势看去，中西印三方学说，应该融会贯通，人事上的学说，与物理上的学说，也应该融会贯通。吾人生于斯世，即当顺应潮流，做这种融合的工作，融合以后，不妨再分头研究，像这样的分了又合，合了又分，经过若干次，才能把这个浑然的东西，研究得毫发无遗，依旧还

第五部 厚黑教主传

是一个浑然的。

冲突是融合的预兆,无所谓冲突,即无所谓融合。譬如几个泥丸,放在盘内,不相接触,可谓不相冲突了;然而这几个泥丸,是永久独立,不能合并为一的。如把它们合在一处,挤之捏之,这几个泥丸,就可合为一个一个了。现在国际竞争激烈,与战国七雄时代相似。西洋学说,传入中国,与旧有学说发生冲突,如南北朝隋唐时代,佛学传入中国相似,一般人看见这些冲突情形,都很悲观;不知这正是几个泥丸挤之捏之的时候,乃是世界大同的动机,是东西学融合的动机。所不同者,秦始皇统一战国之后,是有一个君主高踞其上;将来世界大同,是把君主换作民主的,宋儒的理学,虽然融合众说,但其学说的推行,是仗君主威力,强迫人民信从;将中西印三方学说融合,是学者自由研究的结果,并非强人信从。国际上、学术上,这种现象,都是天然的趋势,非人力所能反抗,如水之东流入海,即使要反抗,也是万万无效的。如果看清楚这种趋势做法,才不至违反潮流。

但中西文化的冲突,其病根有应归咎西洋的地方。例如:西洋人对社会、对国家,以我字为起点,即是以"身"字为起点。中国儒家讲治国平天下,从正心诚意做起,即是以"心"字为起点。双方都注意把起点培养好。所以西洋人见人闲居无事,即叫他从事运动,把身体培养好;中国人者见人闲居无事,即叫他读书穷理,把心地培养好。西洋要人培养身,中国人培养心。西洋教人,重在"于身有益"四字;中国教人,重在"问心无愧"四字。斯密士倡自由竞争,达尔文倡强权竞争,西洋人群起信从,因为此等学说,是"于身有益"。中国圣贤,绝无类似此等学说,因为倡此

等学说,其弊流于损人利己,是"问心有愧"的。我们遍寻四书五经、诸子百家,很少寻得出像斯密和达尔文一类的学说,只有庄子书中的盗跖,所持议论,可称相似;然而此种主张,是中国人深恶痛绝的。

孔门的学说:"欲修其身,先正其心。欲正其心,先诚其意。"从"身"字向内追进两层,把"意"字寻出,以诚意为起点,再向外发展。就好比建筑房子,把地上浮泥除去,寻着石底,才从事建筑。由是修身,而齐家,而治国平天下。造成的社会,是"以天下为一家,以中国为一人",人我之间,无所谓冲突,这是中国学说最精粹的地方。西洋人自由竞争酿成世界大战,死人数千万,大战过后,还不能解决,跟着就要有第二次世界大战,经济上造成资本主义,种下社会革命的祸根;将来算总账,还不知要流多少血。

我们再把前面所绘的"返本线"一看,就更可把中西文化的优劣看出来。吾国国家主张从小孩时,即把爱亲敬兄的心理,在家庭中培养好,然后扩充出去,以至"亲亲而仁民,仁民而爱物",就造成一个仁爱的世界。所以中国的家庭,可说是一个"仁爱培养场",西洋人从"我"字径到"国"字,中间缺少一个"家"字,即是莫得"仁爱培养场";少了由"丁"至"丙"一段,缺"诚意工夫",即是"良心裁判"。所以西洋学说发挥出来,就成为残酷的世界了。

让现代物质文物,中国诚然万万不及西洋,但从社会伦理部分来说,则以上诸点,确乎中胜于西。此等之外,应该西洋效法中国,不应该中国效法西洋。

最后,站在中国文化的本位上,主张中国学说,可救西洋印度之弊。他是以老子为中国学说代表的,前面已说过

了。他认为西洋所讲是极端的世间法,印度所讲是极端的出世法,老子所讲则把出世法世间法打通为一。宋明诸儒,都是做的老子工作,算是研究了二三千年,开辟了康庄大道。如把这种学说,发扬而光大之,就可把中西印三方文化融合为一。

以"返本线"言之:西洋人从"丁"点起,向前走,直到"己"点或"庚"点止,绝不回顾。印度人从"丁"点起,向后走,直到"甲"点止,也是绝不回顾,老子从"丁"点起,向后走,走到"乙"点,再折转来,向前走,走"庚"点为止,是双方兼顾的。老子说"节根复命"一类话,与印度学说相通。所说"以正治国,以奇用兵"一类话,与西洋学说相通。虽说他讲出世法,没有印度那样精,讲世间法,没有西洋那样详;似由他的学说,就可把西洋学说,和印度学说,打通为一。

西洋的学问重在分析,中国的学问重在会通。西洋人无论何事,都是各科研究,中国古人,一开口即天地万物,总括全体而言。就"返本线"言,西洋讲个人主义的,只看见线的"丁"点(我),其余各点,均未看见;讲国家主义的,只看见"己"点(国),讲社会主义的,只看见"庚"点(天下),其义互相冲突。孔门的学说,是修身齐家治国平天下,一以贯之。老子说:"修之于身,其德乃真;修之于家,其德乃余;修之于乡,其德乃长;修之于邦,其德乃丰;修之于天下,其德乃普。"孔老都是把这根线看通了的,所以倡出"以天下为一家,以中国为一人"的说法(二语出礼运,或以为道家之说,故浑言孔老),这样,所谓个人也,国家也,社会也,就毫不觉得冲突。中国人能见其会通,但嫌其浑囵疏阔;西洋人研究得精细,而彼此不能贯通。应该

就西洋人所研究者，以中国的看法贯通之，各种主义，就无所谓冲突，中西文化，也就融合了。

其实，西洋人讲竞争，讲超人，都是末流之弊。至若希腊三哲，何尝不是孔老一流人物？中国号称儒释道三教并行，但今之和尚道士，秀才举人，何尝有几分与释迦孔老相类？其末也是与西洋一样。世界种种冲突，是由思想冲突来的，而思想的冲突，又源于学说的冲突。所谓冲突，都是末流的学说，若就最初而言，则释迦孔子老子和苏格拉底诸人，固无所谓冲突。将来一定有人出来，把儒释道三教，希腊三哲，和明诸家学说，西洋近代学说，合并研究，融会贯通，创出一种新学说，其工作与程明道融合儒释道三教成为理学是一样。假使这种工作完成，则世界的思想一致，行为即一致，而世界大同，就有希望了。

以上是宗吾《中国学术之趋势》一书的扼要介绍。此外他在本书中，详述"宋学"与"蜀学"的关系，说二程的学说，深受当时蜀学的影响，尤其是程伊川的易学，是受了箍桶翁和卖酱翁的指示，才别有会心。同时，四川道教佛教，也是盛极一时，二程当深有所濡染，所以他们后来能作出三教融合的工作。再则蜀主孟昶，在当时提倡文化的热心，与夫政治的清明，可谓甲于天下。苏子对老学的研究，也是前无古人，凡此种种，都足以证明当时的四川，可称为此后中国文化的摇篮。宗吾对于这些问题，都加以考证和说明，这是国内一般讲学术史的人，不曾注意的。

至于他提出老子，来贯通中国的全部学说；又说，西洋和印度的学说，各走极端，惟中国学说，可以济二者之弊，他这种观点，是否也是太偏主观，我不愿在此批评；批评的责任，希读者负起来罢。

和达尔文开玩笑

吾每有一假设要提出,总是慎思熟虑,反复研究,必须自己信得过了,才写成文字,以期建立他的假设。更从四面八方,去取得印证,无论是正反面的意见,他都虚心地加以研究,而为批判地加以接受与扬弃,经过一再的补充,然后才著为专著。他的许多著作,都是这样慢慢完成的。单说《心理与力学》一书,最初仅是篇较长的论文,到了民国九年,就补充了许多;直到民国十六年,才公表于世;等到正式印为专书时,已是民国二十七年了。在此书出版的前几年,经他研究所得,更加了三章;到了三十一年,又加了一章;如果他不早死去,恐怕至今还在有加无已呢。但他并不是像"老娘婆的裹脚布又臭又长"的添加,他的千言万语,无非为证成他所假设的一条公例:"心理变化,循力学规律而行。"他最后添加的一章,此处暂不述及,今将第二次添加的文章,介绍于后:

为达尔文学说的修正。

他说达尔文研究生物学数十年,把全世界的昆虫草木,飞禽走兽,都研究完了,得出几种结论,科学界奉为金科玉

律；独不知达尔文实验室中，有个高等动物，却未曾研究，所以他的学说，或留下不少破绽。那个高等动物，就是达尔文本身。达氏既把人类社会忽略了，那不妨就拿达氏来作标本，再加一番补充研究。于是他便用最有兴趣的文字，设想达氏生下地来，一直到他老死，其心理与行为的发展，即以达氏自己的学说，来反击达氏的学说，依次得出人类社会中的五条公例：

1. 同是一个人，知识越进步，眼光越远大，竞争就越少。

2. 竞争以生存为界域，过此界域，就弊害。

3. 同是一国的人，道德低下者，对于同类，越近越竞争；道德高尚者，对于同类，越近越退让。

4. 竞争之途径有二：一是向外用力，进攻他人；一是向内用力，返求诸己。向外用力者，与他人之力线是冲突的，我与人二力不等，则一胜一负；二力相等，则两败俱伤。向内用力者，与他人之力线是不冲突的；我与人用力相等，则并驾齐驱；一人用力独深，则此人即占优势。

5. 凡事以人己两利为原则，二者不可得兼，则当利人而无损于己，抑或利己而无损于人。

根据上述五条公例，就觉得达尔文的"生存竞争优胜劣败"，八字应该修正。因为达氏的公例，是从禽兽社会中得来的，律以人类社会，处处矛盾。达氏的公例，如果用于禽兽社会中，当然可以不管，如今公然用到人类社会来了，基于这种学说，造出世界，是人类互相残杀的世界，故非加以驳斥不可。

达尔文说人类进化，是由于彼此相争，但从各方面观察，觉得人类进化，是由于彼此相让，因此人类进化。譬

第五部 厚黑教主传

如：我要赶路，在路上飞奔而走，见有人对面撞来，就当侧身让过，方不耽误行程。如照达尔文的说法，则是见人对面撞来，就应该把他推翻在地，沿途有人撞来，沿途推翻，遇着行人挤做一团，就从中打出血路，向前而行，试问世间赶路的人，有这种办法吗？如果要讲"适者生存"，必须懂得这种相让的道理，才是适者，才能生存。

由达尔文看来，生物界充满了相争的现象，由我看来，生物界充满了相让的现象。试入深林一看，即见各树俱是枝枝相让，所有树枝树叶，都向空处发展，彼此抵拒冲突者极少。树木是无知之物，尚能彼此相让，可见相让乃是生物界的本性，因为不相让，就不能发展。凡属生物皆然，满山禽鸟和鸣、百兽众处，都是相安无事之时多，彼此斗争之时少。

因此，又可得出一条公例："生物界相让者其常，相争者其变。"达尔文把变例认为常例，似乎不对。树的枝叶，如果抵拒冲突，纠结一团，此种树木，必不繁荣，欧洲大战，是人类纠结一团。依达尔文的学说，此种现象，叫做进化，未免讲不通。

依达尔文的说法，凡是强有力的，都应生存，但从事实上看来，反是强有力的被消灭。洪荒之世，遍地是虎豹，它们的力量比人更大，宜乎人类战他们不过，何以虎豹，又几乎绝迹？欧战时，德皇势力最大，宜乎称雄世界，何以反遭失败？民国初年，袁世凯势力最大，宜乎统一中国。何以反遭失败？

有这些事实，所以达尔文的说法，就应该修正。我们细加推究，即知虎豹的被消灭，是由于全人类都想打他，德皇失败，是由于全世界都想打他，袁世凯的失败，是由于全中

国都想打他，思想相同，就成为方向相同的合力线。虎豹也，德皇也，袁世凯也，都是合力打败的。于此可以说："生存由于合力"。懂得合力的就生存，违反合力的消灭，得合力的就优胜，违反合力的劣败。像这样的观察，那些用强权欺凌人的，反在天然淘汰之列了。

达尔文的误点，可再比喻来说明：假如我们向人说道："生物进化，犹如小儿身高，一天一天的长大"。有人问："小儿如何会长大？"答："只要他不死，能够生存，自然长大。"问："如何才能生存？"答："只要有饭吃，就能够生存。"问："如何才有饭吃？"我们还未及答，达尔文从旁答道："你看见别人有饭，就去抢，自然就有饭吃，越吃得多，身体越长得快。"

试思达尔文的答案，有错无错？我们这样的研究，即知达尔文说生物进化没有错，说进化由于生存没有错，说生存由于食物也没有错；惟最末一句，说食物由于竞争（抢）就错了，只把他最末一句修正一下就对了。

问怎样修正呢？就是通常的："有饭大家吃。"

平情而论，达尔文一味教人竞争，固有流弊，我们一味教人相让，也有流弊。如何才无流弊呢？于此可再定出一公例："对人相让，以让至不妨害我之生存为止，对人竞争，以争至我能够生存即止。"

达尔文的学说，可分为两部分来看：他说的"生物进化"，这部分是指出事实；他说的"生存竞争，优胜劣败"，这部分是解释进化的原因多端，相争能进化，相让能进化，不争不让，反而致力于内部，也能进化，其或具备他种条件，也未尝不能进化。达尔文置原因于不顾，单以竞争为进化的惟一原因，而流弊遂无穷了。

第五部 厚黑教主传

兹断之曰：达尔文发明"生物进化"，等于牛顿发明的"地心吸力"是学术界千古的功臣；惟有他说"生存竞争，优胜劣败"，就不免有语病，应加修正。

为克鲁泡特金学说的修正

再说克鲁泡特金的误点,也与达尔文相同。达尔文是以禽兽社会的状况,律之人类社会,其说有流弊;克鲁泡特金因为要指驳达尔文的错误,特在满洲及西伯利亚一带,观察各种动物,与原始人类状况,发明互相说,以反驳达尔文的互竞说,他能注意到人类,算是比达尔文较胜一筹了。

然而原始人的社会,与文明人的社会,毕竟不同。克鲁泡特金以文明人的资格,去观察原始人的社会状况,故所得的结论,不是没有流弊。克鲁泡特金的学说,也可分两部分来看,他主张"互相说"不错,因互相而主张"无政府主义"就错了。

禽兽进化为人类,故人类具有兽性,然既名为"人",则兽性之外,还有一部分人性,达尔文只看见兽性这一部分,未免把人性这一部分忽略了。原始人进化为文明人,故文明人还带有原始人的状态,然既成为文明人,则原始状态之外,还有一部分文明状态,克鲁泡特金只看见原始状态这一部分,未免把文明状态这一部分忽略了。

禽兽有竞争,无礼让,人类是有礼让的,达尔文所忽略

第五部　厚黑教主传

的是在这一点。原始人类，浑浑噩噩，没有组织，成为无政府状态，文明人则有组织，有政府，克鲁泡特金所忽略的，是在这一点。

凡物体，第一分子的性质，与全物体的性质是相同的，社会是积人而成的，人身是社会的一分子，若把身体的组织法，运用到社会上，一定成为一个很好的社会。治国之道，采用互竞主义固有流弊，采用互相主义也有流弊，故必须采用合力主义。

人身的组织，即是合力主义。身体是由许多细胞构成，每一细胞都有知觉，等于国中的人民，大脑则等于中央政府。全身神经，都可直达于脑，等于四万万人，每人的力线，都可直达中央，成为合力的政府。目不与耳竞争，口不与鼻竞争，彼此之间，非常协调，故达尔文的互竞主义用不着。目不须耳之帮助而能视，口不须鼻之帮助而能言，手不须足之帮助而能执持，个个独立，自由表现其能力，故克氏的互相主义，也用不着。目尽其视之能力，耳尽其听之能力，口鼻手足亦各尽其能力，如果把各种能力集合起来，就成为一个健全的身体，这便是合力主义。

国家有中央政府，地方政府；人身亦然，我们脚被蚊子咬了，脚政府报告脑政府，立派右手来，把蚊子打死。万一右手被蚊子咬了，自己无法办理，报告脑政府，立派左手来，把蚊子打死。有时睡着了，脑政府失其作用，额上被蚊子咬，延髓脊髓政府就代行职条，电知手政府，把蚊子打死，脑政府还不知道。

耳鼻为寒气所侵，温度降低，各处救灾邮邻之道输送血液来救济，于是耳鼻就呈红色。万一天气太寒，输送了许多血液，寒气仍进逼不已，各地方政府协商道："我们再输送

血液,仍无济于事,只好各守防地,把应该输送到耳鼻的血液,与它截留了。"于是耳鼻就呈青白色。

人身有中央政府,有省市县各种政府,脑中记忆的事,都由各政府转报而来,各政府仍有档案可查。施行催眠术的人,是蒙蔽了中央政府,在省市县区政府,调阅旧卷,所以人在催眠中,能将本日所做的事说出,而醒来时又全不知道,疯人胡言乱语,这是脑政府受病,中央政府失了作用,省市县区政府,乱发号令。所以疯人说的话,都是他平日的事。不过莫得中央政府统一指挥故话不连贯。

夜间作梦,是中央政府休战,各处政府的人,跳上中央舞台来了。人一醒来,中央政府复职,他们立即藏;有时中央政府也能察觉,故梦中之事,也能略记一二。我们可以说:疯狂如做梦,都是讲无政府主义的。

古来亡国之时,许多人说要死芦,及到临头,忽然战栗退缩。因为想死芦,是出于理智,从脑中发出,是中央政府发的命令;战栗退缩,是肌肉收缩,是全国人民不愿意。文天祥一流人,慷慨就死,是平日厉行军国民教育,人民与中央政府,业已行动一致了。许多人平日讲不好色,及至美色当前,又情不自禁,因为不好色,是脑政府的主张,情不自禁,是身体他部分的主张。我们走路,心中想朝某方向走,最初一二步注意,以后无须注意,自然会朝前走去,这即是中央政府发布的命令,人民依着命令做去;如果步步注意,等于地方上事事要劳中央政府,那就不胜其烦了。古人作诗,无意中得佳句,疑有神功,大醉后写出之字,往往比醒时更好,这是由于中央政府,平日把人民训练好了,遇有事来,不须中央指挥,人民自动作出之事,比中央指挥办理,还要好些。心理学书上,有所谓"下意识"者,盖指脑政府

以外，其他政府而言。

由上看来，可知身体的组织，与国家的组织是很相同的。反观吾身，知道脑与五官百骸是很调协的，即知道创立一种学说，必使理智与情欲相协调。不能凭着脑子的空想，以虐苦五官百骸；也不能放纵五官百骸，而不推理智的裁判。建设一个国家，必使人家与政府调协，不能凭着政府的威力，压制人民，而为人民者，亦不能对政府取敌视的行为。人身的组织，每一神经俱可直达于脑，故脑为神经的总汇处，与五官百骸，不言协调而自然协调。

因此，每一人的力线，必使之可以径达中央。中央为全国力线的总汇处，政府与人民，不言协调而自然协调。如能这样办理，即是合力主义，才可以救达尔文和克鲁泡特金两说之弊，而与天然之相合。

"姑姑筵"餐馆的食谱序

当时全国闻名"姑姑筵"餐馆的老板,兼厨师黄敬临老先生,亦为当代之一奇人,他曾蒙慈禧太后的赏识,曾历任各县的知事,而且政声很好,忽然由士大夫阶级,一退而为厨师,若不是别具怀抱的人,可以断言他万万不能,他做了厨师以后,竟于事务之暇,一连楷书十五年的古籍,而犹不中辍,这种修养功夫,更不是常人所能及的了。

计他所抄各书,如连《资治通鉴》已抄完的话,当不下数千万言。以这样具有毅力的人物,在过去又有政治上的经验,倘若出而为国家社会做任何事的话,还怕没有成绩吗?但他甘心退而开饭店,为厨师,这不能说与时代环境没有关系吧。宗吾先生不结交王公大人,不和趋炎附势的世人为友,独对敬临大为赏识,所以宗吾就为他做了一篇食谱序:

我有个六十二岁的老学生黄敬临,他要求入厚黑庙配享,我业已允许把他写入厚黑丛话。大家想还记得,他在成都百花潭侧,开一"姑姑筵",备具极精美的肴馔,招徕顾主,大家或许照顾过。昨日我到他公馆,见他正在凝神静气,楷书《资治通鉴》,诧异道:"你怎么干这等事?"他说:

第五部　厚黑教主传

"我自四十八岁以后，即誓志写书，已手写《十三经》一遍，补写《新旧唐诗合抄》、《李善注文选》、《相台礼记》、《坡门唱和集》各一遍，现在打算再写一部《资治通鉴》，以完夙愿。"我说："你这种主意错了，你从前历任射洪，巫溪，荥经等县知事，我游迹所至，询之人民，你的政声很好，以为你一定在官场努力，干一番惊人的事业，归而询知你退为庖师，自食其力，不禁大赞曰：'真吾徒也！'特许入厚黑庙配享，不料你在干这等生活？须知古今干这一类生活的人，车载斗量，有何插足之地吗？庖师是你的特别专长，弃其所专而与人争胜负，何苦乃尔！鄙人所专者是《厚黑学》，故专讲《厚黑学》，你所专者是庖师，不如把所写的《十三经》《文选》与夫《资治通鉴》等等，一火而焚之，写一部食谱，倒还是你不朽的盛业。"

敬临闻言，颇以为然，说道："往年在成都省立女子师范，充任烹饪教师，曾分：熏、蒸、烘、爆、烤、酱、炸、卤、煎、糟十门，教授学生，今打算就此十门，条分缕析，作为一种教科书，但兹事体大，苦没暇晷，奈何！"我说："你太拘了，何必一做就想完善。我为你计，每日高兴时，任写一二段，以随笔体裁写出来，积久成帙，有暇再把它们分门类，如不暇，既有底本，他日也有人替你整理。倘不及早写出，将来老病侵寻，虽欲写而力有不能，悔之何及！"敬临深感余言，乃着手写去。

敬临的烹饪学，可称家学渊源。他的祖父，由江西宦游四川，精于治馔，为其子聘妇，非精烹饪者不合选。闻陈氏女在室，能制咸菜三百余种，乃聘之，这便是敬临的母亲。于是以黄陈两家烹饪法治为一炉。清末，敬临宦游北京，慈禧太后赏以四品衔，供职光禄寺三载，复以天厨之味，融合

南北之味，敬临之于烹饪，真可谓集大成者矣。有此绝艺，自己乃不甚重视，不以之公诸世而传诸后，不大可惜乎？敬临勉乎哉！

　　古者有功德于民则祀之。我尝笑：庙宇中其大半则姓名不历经传者，违功论德，都是占了首座之末元，高坐吃冷猪肉，亦可谓僭且滥矣。敬临撰食谱嘉惠后人，有此功德，自足庙食千秋。生前具美馔以食人，死后人具美馔以祀之，此固报施之至平，正不必依附厚黑教主，而始可不朽也。人贵自立，敬临勉乎哉！

　　宗吾他日死后，有敬临配享，后人不敢不以美馔进。吾可傲于众曰：吾门有敬临，冷猪肉可不入于口矣！是为序。民国二十四年十二月六日李宗吾于成都。

讽刺国医

黑主的生性，本是朴纳的，幼时不言不语，呆头呆脑，对于同学，也是以谦让为本。所以他的父亲呼他为"迂夫子"，同学之间，就称他为"老好人"。自从他在私塾中，受了建侯老师好开玩笑的影响，他才慢慢诙谐起来。最初，还只是开玩笑的性质，继而于开玩笑中带有讽刺，终则嬉笑怒骂，一发不可遏止了。他这种作风，不但表现在语言文字之中，就是他自己的行动，也往往充满了这种气氛。

他幼年时，本是终日不可离药罐的，除了哮喘症外，四肢也不灵动，有时穿衣服都要人帮忙，登楼不能下楼，大便不能蹲下。每次洗澡，母亲见他瘦骨如柴，就不禁放声大哭起来。当他在炳文书院读书时，同学们都说他活不长久。雷铁崖雷民心弟兄，就主张活祭他。但却并不悲观，仍是优游自得。他因为乡间庸医替他治不好病，就想自行研究医书，自行治疗。于是借了些陈修园、徐灵胎、喻嘉言诸人的医书来看，哪知越看越不懂。心想："我这样用心研究，都弄不清楚；市上的医生，连字都认不得好多，怎样能读过医书？我之不为庸医杀死，真是万幸！"于是废然思返，把医书丢

了，自己不再吃药，而身体反慢慢健壮起来。从此以后，得了病，照例不吃药。他的主张，是宁死于病，不死于药。中间只有一次几乎破例：他在高等学堂时，腿上生一疮，好像是疗疮，学堂内种有菊花，他于菊花叶嚼来帖敷。同学陆逵九懂得医学，见他面病容，就叫伸出舌头来看，惊道："你

第五部　厚黑教主传

的舌苔都黑了，还不赶急医治?"说得他毛骨悚然，就请为他开刀，他在校是向不请假的，这时也只得请假调养。在寝室睡了一会，心想："这哪里会有病？何致舌苔会黑?"于是恍然大悟，寻着陆逵九说道："我除了腿上生疮以外，自觉毫无病状；我的舌头发黑，是不是因为嚼菊花叶的缘故?"陆逵九叫他伸舌一看，连说："不错！不错！"二人相视而笑，但并非有心。这是他用行动来讽刺国医的。

自创"无极拳"

四川讲静功的派别很多,如同善社,如刘门,如关龙派,如吴礁子派等等,他都曾拜门称弟子。其中有讲静功的一书,名为《乐育堂语录》,是丰城黄元吉来川讲道时所著,各派讲静功的人都奉为天书,自然他也仔细的拜读过。他初以为讲静功,总比服药好得多,但他试验的结果如何呢?据他说,从未坐过三十分钟之久,越想静坐,心里越乱,强自镇静,则如受苦刑。哪一派的方法,他都试验过;哪一派的方法,他都试验无效。这是他用行动来讽刺静功的。

他学国医不成,学静功不成,于是又想练拳术。他先学拳术家的气功,继而又学太极拳。他于二者所得的经验:气功一门,他认为无非装模作样,是违反自然的动作。太极拳一门,动作不甚激烈,似乎较相宜;但他只学习不久就弃去了,因为其中仍有一定的规律,他是不耐拘束的。最后,他自己发明了一种拳术,名之曰"无极拳"。

据说,他是把气功和太极拳融合为一,随意动作,师其意而不泥其迹,略略参加些黄帝内视法、天隐子存想法,并

第五部 厚黑教主传

会通庄子所说"真人之息以踵"的道理而成此拳法。他说这种拳法，睡时，坐时，读书作文时，与人谈话时，均可以行之。他说将来如把这种拳术传出来，不但为厚黑教主，并可称为无极祖师。及至我们会面时，我问他无极拳的详情，他笑着说："既名无极拳，还有什么说的呢？无非是恍兮惚兮，玄之又玄而已。"他这段学拳的历史，不知是讽刺自己的无恒呢？还是讽刺堂堂的国术呢？

战 天 主 教

我大清早起,
站在人家屋角上哑哑的啼,
人家讨厌我,
说我不吉利,
我不能呢呢喃喃的讨人家欢喜。

——胡适:《乌鸦》

这首诗,是几乎三十年前作者自行编入《尝试集》的。在当时,胡博士显然是借这不讨人喜欢的"乌鸦"以自喻;时至今日,作这首诗的人与其留以自喻,倒不如拿来移赠于市井小人,他都毫无容赦的去揭穿他们的面皮,洞照他们的心迹,使人世间魑魅魍魉,一齐现形。他如此这般的哑哑而啼,真把人叫得冒火,叫得心焦,所以说,他才是真正的一只乌鸦!我现在还想送他这样的一首诗:

咕咕喵,
咕咕喵,

第五部　厚黑教主传

哈哈哈哈……

哈哈哈哈……

要问这又是什么诗？这就是"猫头鹰诗"。"咕咕喵"，是猫头鹰在叫，"哈哈哈……"是猫头鹰在笑。我们故乡人说："猫头鹰不叫，就怕猫头鹰笑！"传说：猫头鹰叫，固然是不吉利，却还没什么，猫头鹰笑，就非死人不可，或是预示着极大的凶兆。黑主一生的冷笑，每每使人毛骨悚然恐惧不安，好像听见猫头鹰的叫与笑一样，所以说，他不仅是一只乌鸦，更是一只猫头鹰！

再说他是"一颗思想界的彗星"来说，他也是应该受到天怒人怨的。彗星俗名扫帚星，它出现，就预示着天变人祸。不但愚夫愚妇怕它，王公大人怕它，就是精研科学的天文家们，也都警觉起来注视它的行动；假使其他星球上也有人类的话，他们惶恐警怪的程度，想来也不亚于斯世。因为它在自然界，不肯遵循自然律的轨道，拖着一条长尾巴，横冲直撞，所以人事界对它也无从作如理的测度，是以可怕。思想界的彗星，在发旧思想界所起的作用，亦复如此。黑主的思想，不遵传统，不安故常，也不信从中外时人的意见，无论对天道人事，他只是一意孤行，提出自己的看法和解释，像这样的叛反思想，不是一颗彗星是什么？宜乎招惹得天怒人怨，被社会认为是不祥之物了。

他既是如乌鸦的叫来叫去，如猫头鹰的且叫且笑，哪能不令人生厌，令人痛恨？所以关心世道的人士，深怕他的学说传开来，毒害社会，著文批判他的也有，在广庭大众之中痛骂他的也有。我还记得五年前有个天主教的某教主，就在公开演讲时痛骂过他。我把这事告诉了他，他立时出马应

战,曾写了这样标题的一封战书:"厚黑教主某答天主教教主某书"。全文情节已记不清了,无非是狠毒的讽刺。只记得开首有这样的话:"我是厚黑教的教主,你是天主教的主教,主教比教主是低一级的,你们天主教既然最重阶级,你

第五部　厚黑教主传

竟以主教的身份，批注我教主的学说，你也未免太不自量了……你们三点式的祈祷，无非是指着前胸的两个妖艳的乳峰，而谣言惑众……云云。"当时他想送登报章，经我一再劝阻，他才把战表撤回。近年有位沈武先生，著有《厚黑批判》一书，对于"厚黑学"予以无情的痛击，可惜教主已看不见了，孰是孰非，只好让第三者去公断罢。

教主辞世，已三年有半了，他的墓木想已拱把了，孤魂野处，谁可同调？遥意月暮鸦飞，夜半鹃啼，不知足以供慰否？我今赓唱前歌，用吊厚黑之灵：

咕咕喵，
咕咕喵，
哈哈哈哈……
咕咕喵，
咕咕喵，
哈哈哈哈……

薄 白 学

吾大说厚黑其法,自称教主,自然是惊世骇俗。只有令人怪异,于是友人就善意劝他道:"你的废话少说些罢!外面许多人指责你,你也应该爱惜名誉。"他说:"吾爱名誉,吾尤爱真理。话之说得说不得,我内断于心,在未下笔之先,我必审慎考虑;既已说出,即听人攻击,我并不答辩。但攻击者说的话,我仍细细体会,如能令我心折,我还是加以修正的。"有时友人不客气的责他道"你何必天天说这些鬼话呢?"他说:"我是逢人说人话,逢鬼说鬼话。请问,当今之世,不说鬼话,说什么?但我发表的许多文字,又可说:'人见之则为人话,鬼见之则为鬼话,亦无不可。'"如有人对他说:"某人对你不起,他如何如何。"他便说:"我这个朋友,他当然这样做;如果他不这样做,我的'厚黑学'还讲得通吗?我所发明的是人类的大原则,我这朋友,当然不能逃出这个原则。"

他这样的嬉笑怒骂,毫不顾忌,自然得罪了社会,尤其得罪了以卫道自命的大人先生。据说有一位关心世道的官人,首先出来对他声罪致讨,并著一"薄白学",在成都

第五部　厚黑教主传

某报纸连续发表，满口道德话，对于"厚黑学"，大肆攻击，并且说："李宗吾呀！赶快把你的厚黑学收回去罢！"但他读后置之不理，许多人劝他著文驳辩，他便说："这又何必呢？世间的学问，各人讲各人的，信不信，听凭众人，譬如粮食果木的种子，我说我的好，你说你的好，彼此无须争执，只是把它种在土里，将来看它的收获就是了。"他们说："你不答辩，可见你的理屈，是你的学说被打倒了，我们如今不再奉你为师，要去与他拜门，学'薄白学'去"。他说："你们去向他拜门，是很可以的：但是我要忠告你们几句话：'厚黑经曰：厚黑之人，能得千乘之国，苟不厚黑，箪食豆羹不可得。'将来你们讨口饿饭，不要怪我。"后来那位"薄白学"的发明家，因着有贪污横暴的事实，他的脑壳被人截下来挂在成都城公园的纪念碑上示众若干日，人人反大为称快，这真是一件怪事了。

如今我们再反观厚黑教主的操行如何呢？他以为"薄白学"是可以藏在心里去实行，不必拿在口头上说；厚黑学也是可以藏在心里去实行，决不许拿在口头上说的。当年王简恒所学的厚黑学是"做得说不得"的话，但承认是至理名言。但他既然把《厚黑学》公然发表了，而且还逢人对人强聒不休，于是就又变出了一条公例，那便是厚黑，是"说得做不得"的。所以自他发表了《厚黑学》以来，反成了天地鬼神，临之在上，质之在旁，每想做一事，刚一动念，自己就想："像这样去做别人岂不说我实行厚黑学吗？"因此凡事不敢放手去做。你想，重庆关的监督，是何等天字第一号的肥缺呀！但他不肯干，即有人劝劝也不干。官产竞卖处和官产清理处的经理处长，也不能不说是发财的机会罢！但前者他要求减薪，后者的裁撤时，落得没有

归家的路费。于是他自己解嘲地说:"我之不能成为伟人者,根源实在于此。厚黑学呀,厚黑呀,你真是把我误了!"

第五部　厚黑教主传

宗 吾 挽 联

宗吾先生死后的次日，成都各报即用"厚黑教主"的称谓，刊布他逝世的消息。再过若干日，自流井各界人士为先生开追悼会，收到挽联，亦多从"厚黑教主"立论。不料他生前用以自嘲嘲人的戏词，竟成为他身后的谥号了。今录当时的挽联如下：

教主归冥府，继续阐扬厚黑，使一般孤魂野鬼，早得升官发财门径；
先生辞凡尘，不再讽刺社会，让那些污吏劣绅，做出狼心狗肺事情！

寓讽刺于厚黑，仙佛心肠，与五千言后先辉映；
致精力乎著述，贤哲品学，拟念四史今古齐名。

品贡豪常作翻案，抒思想好作奇谈，孤愤蕴胸中，雌雄黄原戏谑。
算中龄逊我二寿，论学问加我一等，修文归地下，莫将

厚黑舞幽冥。

　　定具一片铁石心，问君独尊何存？试看他黑气弥天，至死应遗蜀酋憾；
　　纵有千层桦皮脸，见我无常倏到，也只得厚颜入地，招魂为读怕婆经。

　　公著述等身，愤荐俗少完人，厚黑一篇，摘优发奸挥铁笔；
　　我惭为半子，念贤郎皆早逝，璧孤满目，临丧迸泪洒金风。